BUDSAMA

일생일대의 모험 이야기

꿈의 도전, 요트로 세계여행

꿈의 도전, 요트로 세계여행

카타마란 벗삼아호와 8명의 친구들이 함께 한 보통 사람들의 꿈의 요트 항해기

초판 1쇄 인쇄 2017년 5월 25일
초판 1쇄 발행 2017년 5월 30일

저자_ 허광음
사진·동영상_ 이종현

펴낸이_양은하
펴낸곳_들메나무 출판등록 2012년 5월 31일 제396-2012-0000101호
주소_(10446) 경기도 고양시 일산동구 백석로86번길 74-8 201호
전화_031) 904-8640 팩스_031) 624-3727
전자우편_deulmenamu@naver.com

값 19,800원

ISBN 979-11-86889-09-1 (03980)

* 이 도서의 국립중앙도서관 출판예정도서목록(CIP)은 서지정보유통지원시스템 홈페이지 (http://seoji.nl.go.kr)와 국가자료공동목록시스템(http://www.nl.go.kr/kolisnet)에서 이용하실 수 있습니다.(CIP제어번호: CIP2017011296)

꿈의 도전,
요트로 세계여행

카타마란 벗삼아호와 8명의 친구들이 함께 한
보통 사람들의 꿈의 요트 항해기

허광음 지음

들메나무

"인간이 만든 물건 중 가장 아름다운 것은
화창한 날 바다를 미끄러지는 돛배이며,
그것은 가장 순수한 행복이다!"

Robert manry(1918~1971)
미국 저널리스트 겸 항해가

선장의 말

배 공부를 하며 한 번쯤은 큰 바다를 건너 동남아 여러 나라를 돌고 오리라 계획했었다. 항해는 출발 전까지는 설레면서도 두려운 숙제 같은 것이지만, 막상 길을 나서서 돛을 올리고 키를 잡으면 두려움은 신기루처럼 사라지고 가슴이 탁 트이는 통쾌함과 아기자기한 모험이 그 자리를 채우는 우리 시대 최고의 스포츠다.

창공을 향해 파도를 박차고 날아오르는 한 마리 슴새처럼 카타마란 '벗삼아호'는 흰 돛을 펼치고 거센 물결을 헤쳐나가면서, 놀랍도록 정교한 과학적 기술에 뱃사람의 겸손이 어우러져 우리들의 영혼을 자유롭게 한다.

2014년 11월, 모험을 좋아하는 8명의 대원들이 의기투합한 끝에 우리나라 최초로 제주에서 출발하여 52일간 23군데의 항구를 들러 친구를 사귀고, 그곳 풍물을 익히며 필리핀까지 약 3,300km의 요트 여행을 멋지게 끝냈다.

훗날 같은 항로를 따라 돛배를 몰고 모험을 떠날 용기 있는 이들을 위해서 우리 8명의 경험을 모아 한 권의 책을 만들기로 했다. 비록 다듬어지지 않은 문장이지만, 우리가 전하는 모험담은 어느 탐험가나 여행가 못지않게 리얼하고 생생한 감동을 전해줄 것이라 확신한다. 우리 이야기가 이 책을 읽는 독자들의 인생에 작은 변화가 되고 영혼도 자유롭게 하기를 기대하면서…….

2017년 5월

카타마란 벗삼아호 선장

허광음

CONTENTS

7 선장의 말
16 Prologue 돛배 이야기를 시작하며

Chapter 1

요트로
세계여행,
꿈에 도전하다

32 요트의 세계로 들어가다
36 포트라우더데일의 흰나비
45 하역
52 배 공부
62 동남아 항해를 계획하다
68 출항 준비

Chapter 2

'빗삼아호'
친구들을
소개합니다

78 요트와의 만남 – 허광훈 탐사대장
82 오래된 항해의 꿈이 다시 꿈틀대다 – 표연봉 항해사
87 우여곡절 나의 벗삼아호 출항기 – 황종현 대원
98 푸른 바다, 파란 하늘 그리고 나 – 김동오 대원
101 바다에서의 '인터스텔라'를 꿈꾸며 – 윤병진 대원
104 세계일주 여행과 맞바꾼 생애 첫 세일링 – 심지예 팀닥터
111 최고의 해양 다큐멘터리를 찍기 위해 – 이종현 촬영감독

Chapter 3

인생이란 바다에서 우린 모두 선장이다

– 모험과 낭만의 3,300km, 52일간의 요트 항해기

일본 (2014. 11. 15~12. 22)

117 출항
125 먹을거리, 볼거리 가득한 나가사키 투어
135 가미코시키 섬의 어부
143 기관 고장
151 가고시마의 검마
156 죽도와 유황도 이야기
169 야쿠시마의 원령공주
178 폭풍 속으로
186 아마미 섬의 가나메 씨
192 가슴이 뜨거운 사람들
203 하늘과 바람과 별과 야광충
209 아시아의 하와이, 오키나와의 매력 속으로
224 첫째도 안전, 둘째도 안전! – 오키나와에서의 모터 수리
230 홍길동, 그가 건너간 바닷길을 달리다
238 이시가키 바다에서 만난 대형 갑오징어
242 일본이여, 안녕!

대만 (2014. 12. 24~27)

253 컨딩에서의 깜짝 크리스마스 파티
260 거친 바다, 루손 해협을 종단하다

필리핀 (2014. 12. 29~2015. 1. 3)

273 산페르난도의 풍등
280 좌초
285 3,300km, 52일간의 항해를 끝내다
296 나마스테 호의 와인

306 Epilogue 항해를 마치고 – 도전하는 삶이 아름답다!

부록

340 벗삼아호 선장의 선상 부자학 강의
351 벗삼아 가족들의 항해 규칙

"인생이란 바다에선 누구나 선장이다.
그대만의 배를 띄워 자유의 바다를 항해하라."
선장 허광음

요트의 구조

카타마란 '벗삼아호'

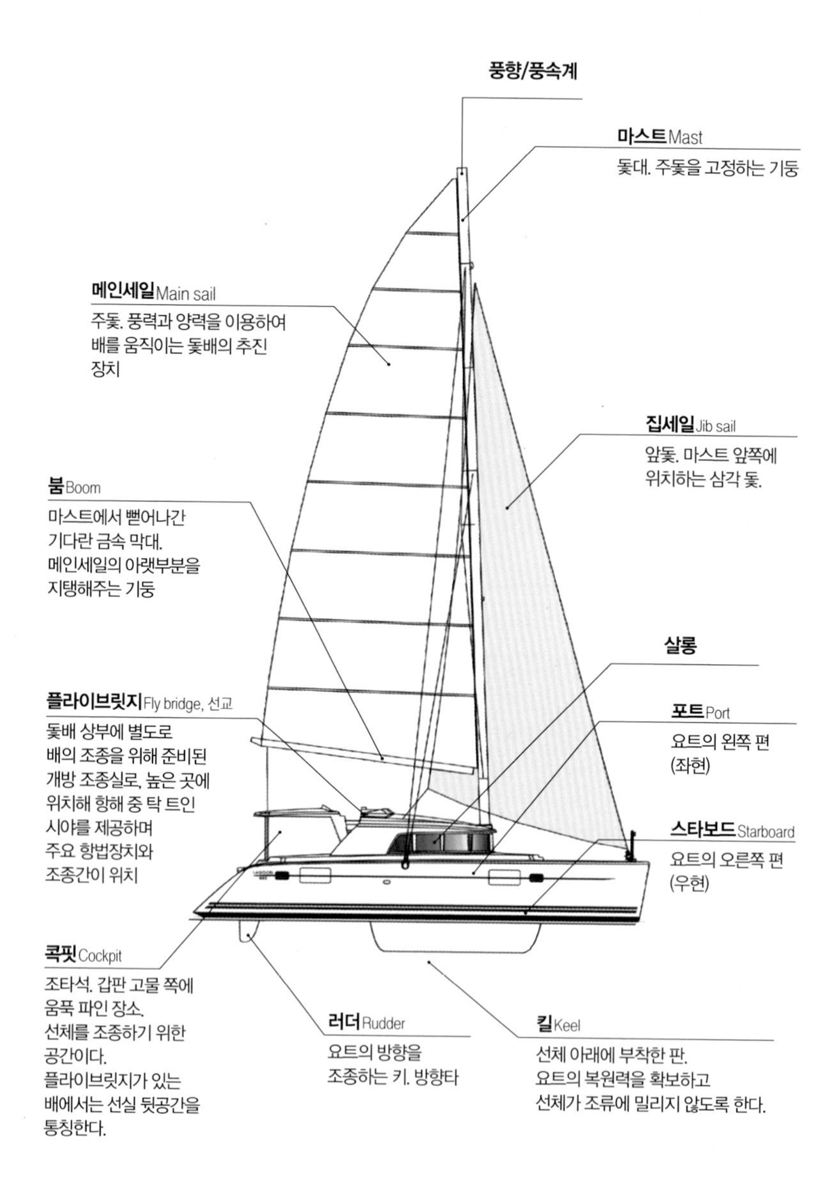

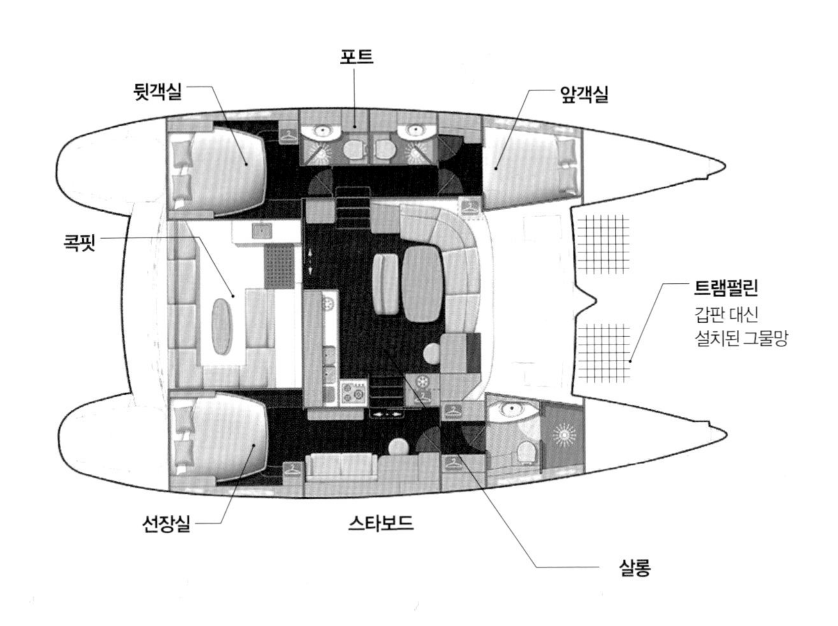

어안 렌즈로 찍은 벗삼아호

요트의 구분

sail yacht 범선

- **dingy** 딩기선_ 바람으로만 가는 작은 요트
- **monohull** 단동선_ 일반적인 요트로 동체가 하나인 것
- **catamaran** 쌍동선_ 동체가 두 개인 썰매 모양의 범선
- **trimaran** 삼동선_ 동체 하나에 양쪽에 날개가 붙은 비행기 모양의 배

power yacht 동력으로 다니는 쾌속선

요트의 주행 방법

범주 帆走

돛을 펼치고 바람의 힘으로만 항해하는 방식. 대체로 뒷바람에는 풍력을 이용하고 앞바람에는 양력을 이용하여 주행한다. 양력을 이용하는 것이 바람이 미는 힘인 풍력을 이용하는 것보다 더 효과적이다. 대체로 바람이 불어오는 방위를 0도로 보면 0~30도와 330~360도 방향으로는 돛으로 항해가 불가능하여 이를 'no go zone'이라고 하며, 그 외의 각은 모두 항해가 가능하다.

기주 機走

동력으로만 항해하는 방식. 범선은 주로 바람이 없을 때 기주를 한다. 바람이 약해 돛의 힘만으로는 원하는 속도가 나오지 않을 땐 범주를 하면서 동시에 엔진을 가동하며 기주도 병행하는 경우가 많다.

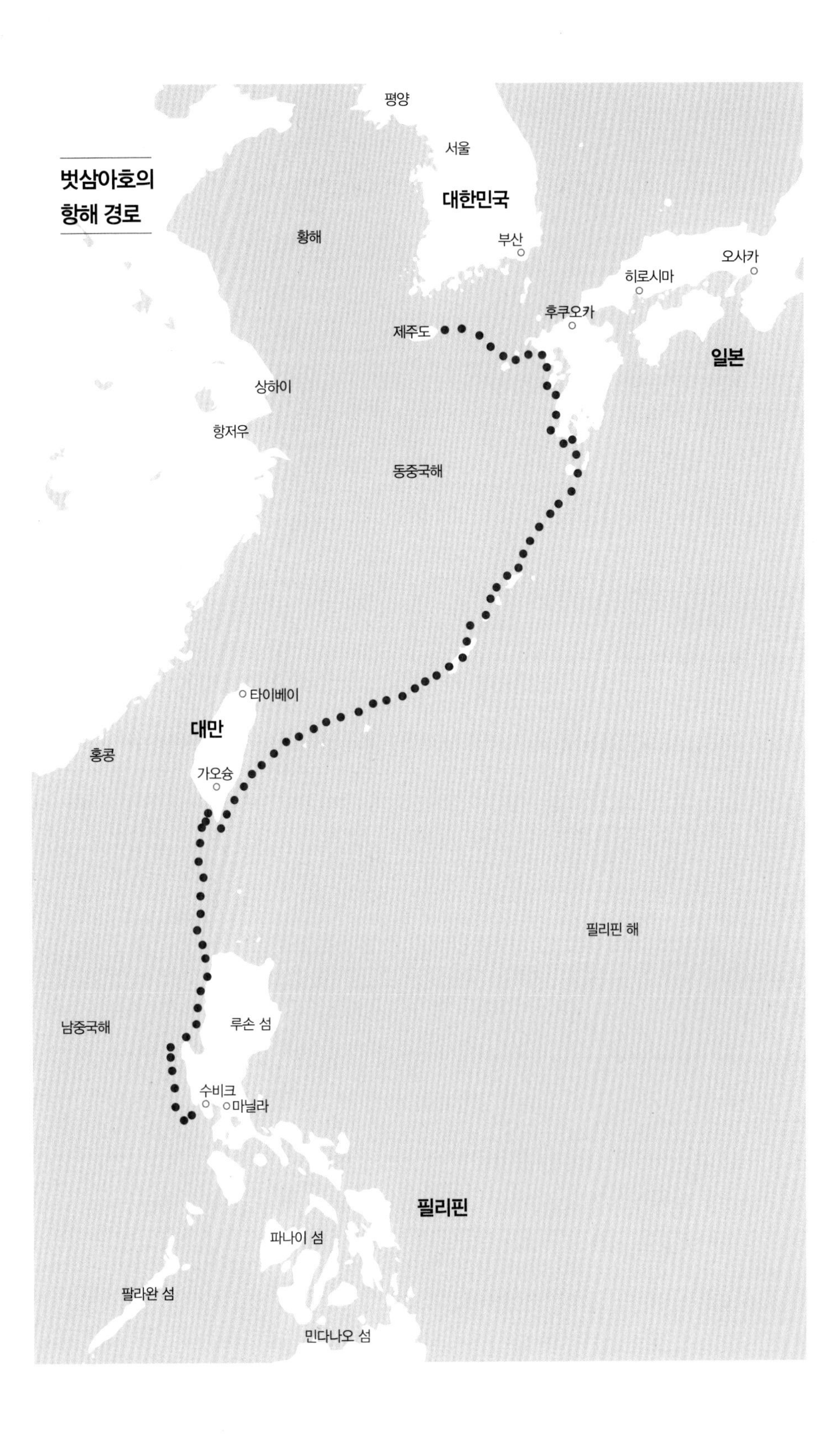
벗삼아호의
항해 경로
평양
서울
대한민국
황해
부산
오사카
히로시마
후쿠오카
제주도
일본
상하이
항저우
동중국해
타이베이
대만
홍콩
가오슝
필리핀 해
남중국해
루손 섬
수비크
마닐라
필리핀
파나이 섬
팔라완 섬
민다나오 섬

Prologue

돛배 이야기를 시작하며

무엇과도 비교할 수 없는 수상 레저의 꽃, 요트

돛배는 자유를 상징한다.

돛배를 몰아 자기가 속한 세상을 벗어나 미지의 검은 대양을 가로질러 새로운 세상으로 나아간다는 것은 큰 용기 없이는 할 수 없는 통쾌한 일이다.

중세의 유럽인들은 현대인의 시각에서 보면 쪽배 수준의 돛배로 거칠고 검푸른 대서양을 건너갔다. 그리고 그들은 광대하고 풍요로운 아메리카 대륙을 차지하고 아시아와 아프리카 대륙의 자원을 독식한 이후 700년을 세계를 지배하는 민족으로 세상에 군림하고 있다. 500여 년 전의 유럽인들을 우리 아시아인들과 비교하면 마치 10여만 년 전 네안데르탈인과 현대인처럼 서로 비교하기 어려운 문명적 우월성을 가지고 있었다. 특히 월등한 과학기술을 바탕으로 한 조선기술과 항해술은 더욱 그랬다. 한데 21세기인 지금은 어떤가. 지난 반세기 만에 동양인들은 500여 년의 기술적 차이를 극복하고 배를 만드는 조선업에서 서양인을 앞질렀다.

하지만 아직도 원천기술의 우위는 그들 손에 있다. 배의 종류와 명칭, 구조, 정교한 부품들, 배의 설계, 구난 시스템, 해상 기상 정보 등등 모든 면에서 그들은 우리를 앞선다. 바다에 관한 한 우린 아직 그들을 따라잡을 수 없다.

제주에 전시된 '태우'라는 연안어업용 뗏목 수준의 어선 모형을 보면 한숨만 나온다. 배를 짓는 행위를 엄격하게 나라에서 관리했던 조선시대, 그 시대는 배를 모는 일과 만드는 일 모두 가장 천한 직업으로 인식되었기에 조선업이 발달하지 못한 게 아닐까? 한때나마 남의 속국이 되어 치욕의 시대를 지낸 것은 당연한 결과 아니었을까?

요즘 우리 시대의 해양문화는 어떠한가? 생각해보면 우리 처지가 딱하기 그지없다. 세월호 참사의 영향으로 그나마 조금씩 커지던 해양스포츠 산업은 10년 전으로 후퇴했다. 이제 어느 부모가 바다에 놀러 나가는 자식에게 잘 놀고 오라고 흔쾌히 손을 흔들어줄 수 있겠는가. 게다가 우리 국민의 대다수는 특별히 섬이나 바닷가에서 자란 사람이 아니라면 수영을 잘하고 못하고를 떠나서 물에 대한 공포를 태생적으로 가지고 있다.

바다는 때로는 두렵지만 매력적인 대상이다. 준비만 잘하면 여느 육상스포츠보다 더 다채롭고 흥미진진한 해양스포츠를 쉽게 즐길 수 있다. 또한 젊은 친구들에게 호연지기를 길러주고, 미래의 젊은이들을 위한 좋은 일거리도 많이 창출할 수 있다.

우리나라는 3면이 각각 고유의 색깔이 있는 바다로 둘러싸여 있고 큰 호수도 생각보다 많다. 지금은 비록 남북이 대치하고 있고, 이로 인해 국

내 인구 중 해양스포츠를 즐길 수 있는 계층이 다수 모여 있는 수도권의 지정학적 단절이 가장 큰 장애이긴 하지만, 머지않아 통일이 된다면 해양스포츠는 골프를 제치고 단연 최고로 각광받는 스포츠로 자리매김할 것이다.

요트는 부자들만의 전유물이 아니다

수년 전 나라에서 아라뱃길을 만든다는 이야기를 들었을 때 누구보다 기대에 부풀었었다. 영종도를 끼고돌아 수로를 따라 수많은 돛배들이 한강으로 들어와 김포나루에 정박하면, 그곳에 수도권 최고의 수변공원과 마리나 시설이 들어서고, 우리나라 요트산업을 주도할 엄청난 해양 레저 전진기지가 조성될 것을 상상하는 것만으로도 흥분을 감출 수 없었다.

하지만 지금은 어떤가? 돛배는 다리에 돛대가 걸려 세일링 요트의 주종인 30~50피트급은 이 수로에서 항해 자체가 불가능하다. 간신히 엔진으로 운행하는 파워 요트만 통행이 가능한 실정이다 보니 강에서 바다로, 바다에서 강으로 들어온다는 아라뱃길의 본 취지는 퇴색되어버렸다. 그 결과 지금은 유람선이나 가끔 다니고, 수로 주변으로 자전거나 타는 농수로에 지나지 않는 초라한 물길로 전락해버렸다. 더더욱 요즘은 바다로 나가는 배들이 없어 관리가 잘 이루어지지 않아 영종도 쪽 바다 통로가 모래톱에 막혀 우리들의 아라뱃길은 대표적 졸속행정으로 막을 내렸다. 그 많은 나랏돈으로 수로를 만들면서 대체 왜 이렇게밖에 못 만들었는지 이 프로젝트를 주관했던 공무원들에게 묻고 싶다.

머지않아 필연적으로 이 수로를 가로지른 다리들은 막대한 추가 예산을 들여 돛배가 다닐 수 있도록 재설계, 재시공되어 내가 꿈꾸었던 수로로 거듭나게 될 것이다. 그렇게 된다면 세계적으로도 빠지지 않는 아름다운 한강 마리나가 건설되면서 외국의 수많은 요트들이 앞다투어 인천을 거쳐 한강으로 진입할 것이며, 아시아에서 손꼽히는 요트 전진기지가 될 것이다.

요트를 모르는 사람들은 요트를 단순히 부자들의 돈 자랑으로 여긴다. 전용헬기를 타고 요트에 내려 수천만 불을 호가하는 초호화 요트 위에서 파티를 열고, 비키니의 미녀들과 뱃머리에 누워 선탠을 하는 장면을 상상하지만, 실제 이런 사람은 세계에서 100명도 안 된다. 뉴질랜드나 유럽 쪽을 가보면 요트를 소유하는 것이 대부분 중산층들의 꿈이고, 또 그만

벗삼아호 계류장인 제주 김녕 마리나

큼 쉽게 소유한다. 우리나라도 내가 돛배를 처음 샀던 6년 전과 비교해보면 현재 수상 레저 기구로 등록된 요트의 숫자는 두세 배로 늘어났을 것이다. 접할 기회가 드물어서 그렇지 우리나라 중산층이 돛배를 소유하고 즐기는 재미를 안다면 그 매력에 수많은 사람들이 요트에 입문할 것이고, 해양 레저 산업도 수만 개의 새로운 일자리를 창출할 수 있을 것이다.

요트 크루징과 요트 레이싱의 차이

그렇다면 무엇이 우리보다 앞서 요트산업을 일구어 간 서양인들을 매료시켰을까?

요트를 즐기는 사람은 두 부류로 나뉜다. 하나는 배를 몰고 바다 여행을 즐기는 요트 크루징이고, 또 하나는 요트로 경기를 즐기는 요트 레이싱이다. 두 분야 모두 특색이 있고 재미가 있지만 대다수는 크루징을 한다. 우리나라 요트 중계는 주로 MBC에서 맡고 있는데, 그들이 주로 다루는 분야가 요트 레이싱이다. 얼마 전 아라파니호를 타고 무기항, 무원조 세계일주를 국내 최초로 성공한 김승진 선장의 요트 장르도 사실은 요트 레이싱이다.

요즘 우리나라에서 정기적으로 개최되는 요트 레이싱 대회는 독도를 돌아오는 가장 큰 코리아컵을 필두로 10개 정도가 있다. 주로 우리나라와 러시아 요티요트를 타는 사람들이 경기에 참가한다. 상금 규모는 그리 크지 않고, 참가비로 유류비 정도는 지원받는다.

나도 2011년 코리아컵에 참가했다. 가까운 섬을 돌아오는 인쇼어in-shore/내만 경기는 출발선에서부터 경합이 치열하다. 참가정 모두가 서로 경쟁하면서 순위를 다투기 때문에 그림이 역동적이고 멋지다. 단연 딩기정 동력을 쓰지 않는 작은 돛배을 타는 요트 국가대표 선수 출신을 보유한 팀이 유리한데, 배의 종류에 따라 유불리가 갈라지므로 이름 있는 요트 메이커에서 만든 배들을 선호한다. 옵쇼어off-shore/외해 경기는 치열하게 출발한 배들이 각자 자기가 생각한 최단시간의 항로를 따라 흩어져버리기 때문에 몇 시간이 경과하면 서로 찾아볼 수도 없다.

우리나라에서 개최하는 요트 경기에서는 러시아 친구들이 이 분야에서 대부분 상위권에 입상하고 상금을 타가므로 항해 도중 엔진을 부정 사용한다는 이야기도 있다. 이를 막으려면 외국의 경우처럼 스크류를 봉인해 버리는 방법을 써야 하는데, 양심을 믿어야지 쉽지 않은 난제이다. GPS를 이용한 실시간 자선 위치 표시 장비를 탑재시킨 후 분당 혹은 시간당 속도를 주변의 경기정과 풍속 등에 비교하여 부정행위를 하는지 판단하는 방법이 있어 2017년부터 사용한다고 하는데 어떨지 모르겠다.

옵쇼어 경기는 해류와 바람을 정확하게 읽어야 유리하다. 또 배를 가볍게 하고 돛의 종류도 다양하게 보유해야 좋은 성적이 난다. 일반 나일론 소재 돛과 카본이나 케블라 소재의 가벼운 돛은 속도 면에서 큰 차이가 있다. 또 접히는 폴딩 타입의 프로펠러를 써야 바람으로 달릴 때 저항이 없는데, 만일 고정식 프로펠러를 쓰고 있다면 배에 브레이크를 하나 달고 타는 것만큼 속도의 차이를 보인다.

세계적인 요트 레이싱 경기는 올림픽이나 월드컵 같은 국제적 축제이다. 요트 올림픽인 아메리카컵도 있고, 프랑스 돌론에서 출발하여 오직 혼자서 43,000km를 전속력으로 90여 일 만에 돌아오는 방데글로브라는 극한의 요트 대회도 있다. 이번 2016/2017 방데글로브 대회는 프랑스의 스키퍼선장 아멜이 74일 3시간 35분 만에 지구를 한 바퀴 돌아 2017년 1월 19일 1위로 입항했다. 이 시간, 피니시 라인을 통과하지 못한 경기정들은 아직 경기 중에 있다.

우리나라는 지난번 아메리카컵에 팀을 만들어 참가해보자는 시도가 있었던 것 같은데, 수백억이 들어가는 국가 차원의 큰 대회여서 정부나 대기업이 지원하지 않고서는 다음 세대에서나 참가를 기대해볼 수 있을 것이다.

요트 여행의 즐거움

요트 여행을 주로 하는 크루징은 우리 일반인들이 돛배의 즐거움을 한껏 즐길 수 있는 분야이다. 한 사람이 해도 좋고, 부부가 해도 좋고, 또 여럿이 함께 해도 즐겁다. 요트 크루징의 즐거움은 다음과 같다.

첫 번째는 배움의 즐거움이다.

시험공부도, 취직공부도 아닌 진정 내가 배를 몰고 다닐 수 있는 실용적인 배움이어서 모든 것이 새롭고 신기하고 즐겁다. 우리가 엔지니어가 아닌 이상 사실 일상생활에서 스크류 드라이버 하나 제대로 사용할 수 있는 사람이 얼마나 될까? 디젤 엔진과 발전기의 해수 순환 펌프를 고칠 수 있는 사람은 또 몇이나 될까?

그런데 이런 것 모르고는 배를 탈 수 없다. 그래서 어린아이처럼 처음부

뒷바람에 제네이커를 펴고…….

터 매뉴얼이나 아는 사람에게 물어보며 하나하나 배워야 하는데 이것이 여간 즐겁지 않다. 반 년 정도 배에서 놀다 보면 슬슬 흥미가 생겨 직접 고치고 싶고, 바꾸고 싶고, 해보고 싶어진다. 해사 영어도 배우고 직접 레이더를 튜닝하여 야간에 주변의 선박도 찾고, AIS자동선박식별장치로 지나가는 배의 선명과 톤수, 속도와 진행 방위를 알고 그들과 무선교신하며 선박끼리의 교차 방법을 의논하기도 한다. 이 모든 것이 새로움을 알아가는 즐거움이다.

두 번째는 항해 그 자체가 주는 즐거움이다.

돛을 올리고, 바람에 맞춰 돛을 조정하고 나면 배는 내가 원하는 방향과 속도로 살같이 달리기 시작한다. 들리는 것은 뱃전에 부딪히며 지나가는 물살과 돛을 스치는 바람 소리뿐, 온 사위가 그렇게 낭만적이고 평안할 수가 없다. 더더욱 기름 한 방울 쓰지 않고 내가 원하는 데까지 갈 수 있다는 경제성도 기쁨을 준다.

바다는 파고가 1~2m, 바람은 15~20노트knot, 바람 방향은 내 어깨 쪽에서 불어오는 바람이 가장 좋다. 그럼 파도와 바람이 풍랑주의보 수준이고 풍향이 맞바람이면 어떨까? 그럴 땐 호쾌함이 있다. 그런 날은 마음 단단히 먹고 배를 몰아 목표를 향해 나아가면 용사의 혼이 되살아난다. 무섭다고? 그건 요트를 모르는 사람들의 이야기이다. 요트를 배우면 요트가 얼마나 안전한지 알 것이다. 물론 그에 맞는 공부와 장비를 갖추고 났을 때의 얘기지만 말이다.

세 번째는 어디든지 갈 수 있고 무엇이든 할 수 있다는 자유와 개방감이다.

내가 원하면 언제라도 남해 어느 섬이든 갈 수 있다. 시간만 되면 그곳에서 수개월을 지내도 좋다. 봄엔 통영에서, 여름엔 울릉도에서, 겨울엔 제주에서 지내도 된다. 기분 내키면 훌쩍 떠나 일본의 대마도에 갈 수도 있다. 전화 한 통, 팩스 한 통이면 대마도에 입항하여 안전한 항내에 정박한 뒤 맛있는 일본 요리를 맛보며 일본 친구들을 사귈 수도 있다. 나가사키까지 1박 2일, 오키나와는 5일이면 간다.

정말 마음 내키면 그곳 마리나에 정박해놓고 1년쯤 살아봐도 된다. 또 기분 나쁘면 돌아오면 된다. 그게 진정한 자유인이다. 은퇴 후라면 꼭 우리나라에서 생활해야 할 필요가 없다. 배가 있으면, 그 배는 가장 편한 바다 위를 떠다니는 집이 된다. 내 독일 친구 헨리는 십수 년을 배에서만 생활하며 경치와 기후가 좋은 동남아 도시만 돌아다녀서 오히려 육지의 잠자리가 불편하다고 한다.

부부가 세계일주를 해도 좋다. 10년째 세상을 돌아다니며 꿈 같은 생활을 하는 친구들도 엄청 많다. 눈을 크게 뜨고 시야를 넓혀보자. 모험이 있는 삶은 사람을 젊게 만든다. 그게 돛배를 모는 즐거움이다.

마지막으로 배는 내 분신이다.

내 타이틀이 서울 사는 아무개보다는 벗삼아호 선장이 더 멋지지 않은가. 배에서 새똥을 치우고, 물청소를 하고, 뱃바닥에 붙은 따개비를 청소하다가 허구한 날 손을 다쳐도, 그곳에 영혼이 상처받지 않는 진정한 평

제주 김녕 마리나에 정박 중인 벗삼아호

안과 행복이 있다. 내가 배를 샀을 때 대다수의 친구들은 의아하게 생각했다. 왜 하필 생뚱맞게 요트냐고. 이제 나와 내 배를 본 친구들은 내 자유로운 영혼을 부러워한다.

그대만의 배를 띄워 자유의 바다를 항해하라

돛배, 결코 비싸지 않다. 우리나라 연안에서 여유자적 즐기려면 작게는 소형 자동차 한 대 값의 투자로 충분히 가능하고, 그 배로 일본, 대만, 필리핀 등 근처 나라를 방문하는 건 식은 죽 먹기다. 다만 시작하는 용기가 필요할 뿐.

이 글을 읽으려는 젊은 친구들에게 한마디 하고 싶다. 이 책을 읽고 무한한 영감을 얻어 생활 방식과 삶의 패턴을 바꾸어 부자가 되라고. 부자도 그냥 푼돈에 인색하고 베풀 줄 모르며 자기 몸이나 챙기는 쩨쩨한 부자 말고, 그대들의 배를 띄우고 그대들의 배에 돛을 올리고 러더키를 잡고 바람처럼 나비처럼 아집의 항구에서 벗어나 자유의 바다를 항해하는, 마음이 바다처럼 넓고 멋진 부자가 되길…….

"And the sea will grant each man new hope,

as sleep brings dreams of home."

바다는 모두에게 새로운 희망을 선물한다. 마치 잠들면 우리가 고향을 꿈꾸듯.

-영화 〈붉은 10월〉에서 함장 라미우스

Chapter 1

요트로 세계여행, 꿈에 도전하다

요트의 세계로 들어가다

운명이란 묘한 것

퇴근길 성산대교를 건너던 중, 웬 작은 돛배가 돛을 부풀리고 양화대교 방향에서 천천히 내려오는 것이 눈에 띄었다. 계절은 완연한 봄날, 잔잔한 바람에 잔물결을 일으키며 강 중간을 내지르는 호쾌함이 다리 위를 건너는 내게도 전해졌다.

문득 최근 읽었던 외국소설에 나오는 요트의 오토파일럿자동항법장치 기능에 대한 궁금증과 더불어 요트나 배워볼까 하는 생각이 들었다.

바쁜 한 주를 보내고 주말 내내 휴식 대신 요트클럽을 검색해보았다. 마침 집 가까운 곳에 개인 요트클럽이 있어 바로 가입을 했다. 한 달도 지나지 않아 요트 면허를 취득하고, 여름이 되자 매그넘급 삼동선트라이마란을 혼자 몰 수 있게 되었다.

무엇과 연결 지어지는 운명이란 참으로 묘한 것이다. 나는 본래 물을 무서워하고 수영도 서툴러서 수상스포츠와는 평생 인연이 없는 삶을 살았다. 물론 민물낚시를 즐겨 조그만 고무보트를 몰고 저수지를 돌던 경험은 있었지만. 돛을 올리고 바람의 힘으로 움직이는 배가 이렇게 사람을 행복하게 만들고 짜릿한 모험의 세계로 나를 이끌 줄은 요트 면허를 따던 2010년 봄까지는 상상도 못했다.

8월 어느 날 오후, 함께 아침 운동을 하던 선배 한 분과 한강으로 나갔다. 그분은 나와 나이 차이가 적잖이 남에도 불구하고 워낙 호기심이 강한 분이라 내가 새로 입문한 요트의 세계를 특별히 보여주고 싶어서였다.

작은 2행정 엔진으로 부잔교를 벗어나 강심까지 나간 후, 엔진을 끄고 돛을 올렸다. 아직 익숙지 않은 손놀림으로 주돛과 앞돛을 펼친 뒤, 잠시 후 불어오는 미풍에 가양대교 쪽으로 천천히 뱃머리를 돌리자 배는 강 하류로 미끄러지기 시작한다. 일단 속도가 어느 정도 붙자 선체가 안정되

한강 요트 레이싱

며 돛배 고유의 평화로움이 찾아왔다. 선배는 경이로운 눈으로 강변을 바라보며 1천만 인구가 사는 이 거대 도시 한복판에서 작은 돛배 한 척으로 이렇게 특별한 여유로움을 한껏 누릴 수 있다는 것에 진심으로 놀라워했다. 수년 후 이분도 요트에 입문하고 멋진 돛배의 선주가 되어 남해 바다를 오르내린다.

한강의 매그넘 트라이마란

나는 그후 한강에서의 요트 경기에 가끔 참가하고 그곳 친구들과 어울리면서 관련 서적과 인터넷을 통해 내 배를 장만하기 위한 본격적인 준비에 들어갔다. 2005년 레이디알리아호를 몰고 멀리 프랑스에서 독도까지 항해한 선배 요트인 이화수 님의 항해기는 내게 큰 자극제가 되었고, 그즈음 세계일주 중이었던 마산의 윤태근 선장도 알게 되었다. 특히 윤 선장은 전문가적 지식 없이 요트업계에 입문하여 우리나라 최초로 요트 세계일주에 성공한 입지전적인 요트인이다. 그가 쓴 책을 읽고 감명을 받아 일면식도 없는 상태에서 세일 메일을 통해 그를 격려하다가 친해져서 지금은 서로 호형호제하는 사이가 되었다.

나만의 요트 한 척 갖고 싶다

처음에는 돛대가 있는 모든 요트가 멋져 보였다. 하지만 수많은 선형의 배를 온라인 검색으로 간접 체험하고, 주변에 탑승 가능한 배를 타보면서 내 관심사는 일반 요트보다는 동체가 두 개인 카타마란쌍동선에 끌렸다. 특히 프랑스 라군Lagoon 사의 카타마란 동영상을 보고는 완전히 넋이 나가버렸다. 넓은 실내 공간과 안정적인 구조, 각진 선형 자체가 예술이었다.

처음에는 신정을 구입하려고 했는데 주변 전문가들의 의견은 조금 달랐다. 개인 소유의 비영업용 배를 구입하는 것이므로 5~10년 정도 된 중고선박이 경제적이라는 사실을 알았다. 보통 범선의 수명이 길게는 100년 이상 되다 보니 5~10년 정도 되는 중고선을 찾아보면 갖추어야 할 항해 장비는 모두 갖춘 배를 저렴하게 구입할 수 있다는 것이다.

국내 여러 회사와 개인 중계인들이 신정과 중고선 거래를 주선하는데, 어차피 구입할 바에는 해외에서 직접 보고 고르는 것이 나을 것 같았다. 미국, 유럽, 일본, 홍콩 등의 요트 및 선박 거래소를 일일이 점검하고 마음에 드는 배의 구조, 탑재 장비, 가격 등을 비교 검토하며 한겨울을 보냈다. 그즈음 나는 선박의 추진체에도 관심이 있었는데, 일반 디젤 엔진이 아닌 하이브리드 선박이 특히 좋아 보였다. 미국 마이애미 라군 총대리점인 캣코catco가 마침 두 대의 중고 하이브리드 선박을 매물로 가지고 있었다.

전기추진체의 장단점을 모르는 상태에서도 새로운 장비에 대한 호기심은 어쩔 수 없었다. 그곳 중계인과 오랫동안 이메일 교신을 통해 이것저것 물어보고 답변을 들으면서, 배의 선정이 정말 쉬운 일이 아니고 전문가적 식견이 없으면 원하는 배를 찾기가 어렵다는 것을 절감했다.

기왕에 배를 구할 바에는 차라리 구경이나 한번 해보자 싶어 일정을 협의하고 집사람을 설득해 미드에서나 보던 멋진 마이애미로 떠났다.

포트라우더데일의 흰나비

가자,
마이애미로!

포트라우더데일은 전 세계 요트의 메카로 불리는 곳이다. 해변과 강을 따라 수많은 요트 정박지가 있고, 수리와 판매를 위한 요트 산업이 세계 최고 수준이다. 이곳에서 수많은 호화 요트와 유명인들의 별장을 구경할 수 있다. 아름다운 도시를 가로지르는 다리들은 높은 마스트를 가진 돛배들을 위해 수시로 다리를 들어올려 뱃길을 열어주고, 지나가는 사람들이 따뜻한 미소로 바다를 오르내리는 선박들에게 손을 흔들어주는 멋진 곳이다.

아내와 차를 몰아 캣코 사를 방문했다. 그들이 소유한 카타마란 매물은 수백 대인데 대부분 프랑스 라군 사 제품이었다. 사전에 수많은 메일 교신을 통해 친숙해진 캐서린의 안내로 내가 사전에 보고자 지명했던 선박들의 실사에 나섰다. 주로 40~50피트급을 구경했는데, 사실 그런 크기가 실제 어떤 정도의 배이고, 어떻게 운영될 수 있는지는 그 당시 생각조차 못했다. 그저 여러 대를 구경하다 보니 눈은 점점 높아지고 크기는 점점 작아 보였다.

캐서린조차 요트 소유 경험이 전혀 없고 배의 장비명도 잘 모르는 초보가 이런 큰 배를 구입하려 한다는 사실에 내심 믿음이 가지 않는 눈치였다. 옆에서 조용히 지켜보던 아내의 속마음은 어땠을까? 마이애미로 여행 가자고 해서 따라왔는데 정말 요트를 구입하겠다고 달려드는 남편을 보면서 얼마나 답답해했을까?

캣코 사 오너가 타던 440 하이브리드 모델을 시운전해보기로 했다. 스캇이라는 선장이 능숙한 솜씨로 폰툰배를 묶어두는 곳에서 배를 출항시켰다. 나와 아내는 잔잔한 강물을 따라 흘러가는 배의 플라이브릿지선교에 앉아

미국에서의 테스트 세일링

크루즈선의 손님들 수백 명이

흰나비처럼 돛을 펼치고 강 하구로

거슬러 올라가는 우리 배를 보고

일제히 멋지다며 함성을 지르기

시작했다.

우리도 그들에게 크게 손을

흔들어주었는데, 집사람도 나도

이 장면에 압도되어 서로 바라보며

웃었다.

주변 경관과 우리를 스쳐가는 시가지의 모습을 지켜보며 생전 처음 타보는 카타마란에 매료되고 있었다. 특히 전기추진체를 사용하는 배여서 시끄러운 엔진 소리도 없이 그냥 물살만 가르며 긴 강을 따라 바다 쪽으로 내려갔다.

캐서린은 저기 보이는 멋진 별장은 아무개 영화배우의 소유이고, 저기 보이는 큰 요트는 누구의 것이라며 하나하나 볼거리들을 설명해주었다. 그중에서 1억 불을 호가한다는 스필버그의 최신형 요트 하나는 볼 만했다. 헬리콥터는 물론 배에 탑재된 스피드보트를 바다로 쏘아 내리는 라운치 시설까지 있었다.

중간에 나도 스캇 선장의 제의로 키를 잡았지만 곧 그만두었다. 강물이 약 2노트의 속도로 흘러내려가고 뱃길 좌우로 정박된 배들이 즐비한데, 큰 배는커녕 30피트급 소형 선박도 운행한 경험이 없는 내게 이 배는 그야말로 산더미 같았다.

바다로 들어서자 스캇은 주돛을 올리고 멀리 떨어진 은빛 해변을 향해 나아갔다. 해수욕장 근처에 앵커닻를 내린 우리 일행은 가지고 간 햄버거와 음료수를 마시며 느긋하게 해변을 바라보았다. 요트가 갖는 여유가 이런 것인가 생각하면서도 현실감은 전혀 들지 않았다.

멀리서 해수욕을 하던 젊은 친구들 몇 명이 우리 요트 쪽으로 헤엄쳐 왔다. 스캇 선장은 큰소리로 정박된 요트에 무단으로 접근하는 것은 법으로 처벌받을 수 있음을 알렸고, 그들은 수긍하고 다시 헤엄쳐 돌아갔다.

푸른 바다 위의
한 마리 흰나비

한 시간 정도 그곳에서 머문 뒤 닻을 올리고 발전기를 가동하여 배터리를 충전하며 다시 강 하구로 되돌아가기 시작했다. 강 하구에 도착했을 때 마침 초대형 크루즈선이 출항하여 외해로 빠져나가기 시작했다. 우리 배와 약 100여m쯤 이격하여 서로 스쳐 지나가는데, 크루즈선의 손님들 수백 명이 흰나비처럼 돛을 펼치고 강 하구로 거슬러 올라가는 우리 배를 보고 일제히 멋지다며 함성을 지르기 시작했다. 우리도 그들에게 크게 손을 흔들어주었는데 집사람도 나도 이 장면에 압도되어 서로 바라보며 웃었다. 이것으로 집사람의 요트 구입 반대 주장은 씻은 듯 사라지고 나는 당당하게 내가 원하는 요트를 구입할 수 있었다.

강 상류로 돌아오는 중 우리는 사전에 예약된 선박 수리 시설에 들러

벗삼아호 실내 조종석 모습

상가haul out 절차에 따라 큰 인양기를 동원하여 배를 들어올렸다. 이때 공인감정사가 밀도 측정기를 사용하여 선저 이곳저곳을 꼼꼼히 살핀 후 다시 정박지로 돌아가서 약 3시간 정도 배의 모든 장비들을 조사하여 survey report를 발급해주었다. 이를 토대로 판매자가 제시했던 배의 상태와 탑재된 장비의 품질이 실사를 통해 차이가 없다는 것을 확인해주었고, 구입가가 적정한지를 판단하는 기준으로 삼을 수 있도록 해주었다. 나중에 안 사실이지만, 공인 인증된 검사관이 작성한 이 보고서가 없으면 선박보험도 가입할 수 없다.

다음날 계약서를 작성하기 전에 배를 한국으로 가져갈 여러 가지 현실적 문제들을 상의했다. 정기선 선편이 있어도 보조장치 없이 배를 실어줄

검수를 위해 요트를 상가上架하는 모습

수 있느냐는 것과, 경험 있는 전문가가 한국에 와서 내게 오리엔테이션을 해주어야 하는데 그에 따른 비용 및 스케줄 조정 등의 협의가 결코 쉽지만은 않은 문제였다.

막상 배 구입을 결정하고 나니 이때부터 정말 머리가 복잡해졌다. 과연 잘한 일인지, 도대체 내가 이 배를 몰고 항해는 할 수 있는 건지, 어떻게 가져가고 또 어떻게 사용할 것인지……. 현실을 알면 알수록 꼬리에 꼬리를 무는 요트 초보의 걱정거리는 밤잠까지 설치게 했다.

국적 변경을 위한 서류 준비 등을 모두 마치는 데 5일 정도가 걸렸다. 나는 솔직히 내 배를 샀다는 기쁨보다는 '기왕 저지른 일 어떻게든 될 거야'라고 스스로 마음을 달래며 답답한 마음과 무거운 발걸음으로 마이애미를 떠났다.

하역

마이애미에서 부산까지, 장장 90여 일의 여정

배는 수소문 끝에 CMA CGM 사 언더데크하갑판에 자리를 마련하여 돛대를 해체하고 선적할 수 있었다. 현대상선에서도 마이애미에서 출항하여 부산으로 오는 정기 선편이 있었지만 배를 받칠 선대를 만든 후 선적할 수 있다는 까다로운 조건을 걸어와 포기했다. 카타마란은 썰매처럼 자체 킬keel, 용골로만 선대 없이 적재 가능하다. 운송료 1억이면 큰돈인데 그걸 포기해버리는 현대상선은 이 분야 전문가를 더 양성해야 할 것이다. 남들은 싣는데 그들만 못 실으면 경쟁력이 없는 것이다.

배는 90여 일간 동남아를 돌아 부산 신항에 2011년 6월 23일 도착 예정이었다. 나는 하역 준비와 마스트의 재조립, 그리고 배 전반에 걸친 오리엔테이션을 위하여 시험 운항 시 함께 했던 스캇 선장을 초빙했다. 그는 프랑스 라군 사의 테스트 파일럿을 겸하고 있으며, 자칭 카타마란의 전문가라고 믿는 친구였다. 우리나라에서는 이런 전기추진 요트를 아는 사람이 아무도 없는 실정이라 라군 사의 한국 대리점이 있어도 그를 초청하지 않을 수 없었던 것이다. 마스트 조립 장소는 열악하지만 윤 선장의 마리나요트나 유람선을 계류시키거나 보관하는 시설로 정하고 그가 소개해준 작업 인력들을 대기시켜놓았다. 물론 통관 및 수입 절차도 모두 완벽하게 준비했다.

여기서 한번 짚고 넘어갈 사안이 하나 있다. 우리나라 대다수의 요트들은 일본으로부터 수입하는 중고 요트인데 관행처럼 수입 가격을 적게 신고하여 수입세를 절세하는 것이 일반화되어 있다. 나는 요트를 타려면 낼 거 다 내고 타야 한다고 생각한다. 꼼수를 부리면 부정 타서 사고 난다.

관세와 부가세로 웬만한 원룸 한 채 값은 지불되었다. 모두들 요트를 사면 세무조사가 뒤따른다고 믿는다. 이 또한 잘못된 억지주장이다. 수상 레저 기구를 내 돈으로 사서 낼 거 모두 내고 타는데, 세계에서 가장 현대화된 세정 시스템을 갖춘 대한민국의 세무 당국이 무엇 때문에 세무조사를 나오겠는가.

선급협회의 선박 검사와 등록은 제주도로 옮겨서 하기로 결정했다.

아파트 한 채만 한 크기… '이건 미친 짓이야!'

6월 23일 오후, 우리 일행은 항공모함 크기의 CMA 컨테이너선에 올라 데크가 건히고 내 배를 하역할 순서를 기다렸다. 다행히 배의 갑판장이 한국 사람이어서 이것저것 편의를 봐주었다. 원래는 배를 바다로 하역하면 우리는 바다에서 다른 배를 타고 대기하다가 배가 바다로 내려지면 그때 배에 오를 수 있는데, 그의 배려 덕분에 다행히 배와 함께 바다로 같이 내려갈 수 있었다.

벗삼아호 선적

컨테이너 하역 직전의 벗삼아호

상갑판부터 실려 있던 컨테이너 하역이 점차적으로 끝나고 데크커버들을 들어올리자 언더데크가 드러나며, 마스트를 떼어내 배 측면에 부착시킨 내 배가 보이기 시작했다. 위에서 내려다본 배는 크기가 엄청났다. 내가 직접 타보고 구입했지만 막상 선적된 모양새를 보니 도저히 이 배를 몰 자신이 없었다. 마치 소형차 운전면허를 바로 발급받아 대형 트레일러를 운전하는 것과 같다고나 할까. '이건 미친 짓이야!' 속으로 여러 번 되뇌며 혼자서 쓴웃음을 지었다.

하역을 위해 큰 겐트리 크레인이 고공에서 배를 들어올릴 폭 20cm의 기다란 슬링을 내려보냈다. 그러나 작업을 진두지휘하던 스캇이 슬링이 짧아 이대로 들어올리면 창문 쪽에 손상을 입을 우려가 있다며 추가로 10m 이상 되는 슬링을 덧대어 연결할 것을 요구했다. 하지만 갑판장이 아무 문제 없다고 그냥 들겠다고 하자 스캇 선장은 내게 선주로서 결정을 하라고 요구했다. 나는 경험자의 말을 들을 수밖에 없었다. 그곳에 서 있는 그 누구도 스캇 선장 빼고는 이런 하역 작업을 해본 경험이 없었다. 작업자에게 무조건 스캇 선장의 지시대로 따르라고 했고, 옥신각신하다가 그의 지시대로 추가로 슬링을 연결하고 인양을 위한 조치를 끝냈다.

드디어 '흰나비' 카타마란이 내 품에

이제 배를 들어서 바다에 내려놓는 일만 남았다. 마산 윤 선장의 구복 마리나로 함께 항해할 스캇 선장, 윤 선장, 그리고 요트 수리회사를 하고 있는 정 사장까지 네 명이 배에 올랐고, 수신호에 따라 겐트리 크레인이 가동되며 우리를 태운 배를 하늘 높이 들어올리기 시작했다. 배가 20여m 이상 올라가자 CMA 컨테이너선이 한눈에 내려다보이고, 접안된 부산 신항의 모습도 거의 전체를 조망할 수 있었다.

고공 크레인을 이용한 하역 작업

크레인이 우리를 바다 쪽으로 내밀자 강풍이 불어 배가 심하게 흔들리기 시작했다. 컨테이너선 높이까지 합하면 거의 100여m 높이에서 두 개의 끈에 의지한 채 바다 쪽으로 밀리자 우리는 순간 겁을 먹고 본능적으로 선실 안으로 들어갔다. 하지만 스캇 선장은 사이드 스테이side stay를 잡고 갑판 위에 서서 크레인 기사에게 수신호를 하며 책임감 있게 배의 하역을 도왔다.

이윽고 배는 바다에 내려졌고, 크레인과의 분리 작업을 마치자 스캇 선장이 배를 가동시켜 컨테이너선에서 500m쯤 벗어났다. 하역 작업이 무사히 끝난 것이다.

스캇 선장은 모니터에 국내 전자해도가 준비되어 있지 않고 곧 어두워지니 배를 신항에 입항시키고 하룻밤을 보낸 뒤 내일 아침에 마리나로 가는 것이 어떻겠냐며, 자기는 뱃길을 모르는 상태에서의 야간 항해는 책임을 질 수 없다고 했다. 그러자 이곳 뱃길을 훤히 알고 있는 윤 선장이 나서며 자기가 알아서 갈 테니 스캇 선장은 선실에서 잠이나 자라고 하란다경상도 사람들의 말투는 잘못 들으면 꼭 시비를 거는 듯하다.

신항을 벗어나자마자 날이 어두워졌다. 스캇은 선속이 5노트를 넘기면 해체시킨 마스트를 배 한켠에 묶어놓았기 때문에 사고가 날 우려가 있으니 속도를 줄일 것을 요구했다. 그렇게 조심스러운 수 시간의 항해 끝에 자정이 다 되어서야 구복 마리나에 도착하여 계류줄을 묶었다.

이렇게 배가 온 첫날부터 우리나라에서는 누구도 쉽게 경험하지 못했던 카타마란의 하역 작업을 포함하는 새로운 모험은 이미 시작되었다.

부산 신항 하역 완료

마스트 조립 전(측면사진)

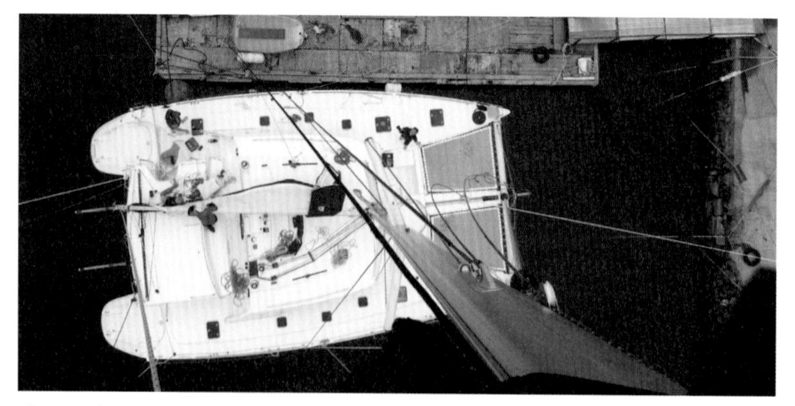

마스트 조립 중(평면사진)

돛 조립 완료!

배 공부

"그대를 벗삼아호로 명하노라!"

마스트 조립 후 2011년 6월 29일 첫 항해에 나섰다. 마산 구복 마리나를 떠나 제주 김녕항까지의 첫 항해는 윤태근 선장, 그리고 고맙게도 탄도파 요트클럽 김영호 회장이 친구를 생각해서 특별히 항해팀에 합류해주었고, 아직은 모두들 전기추진체에 생소한 입장이라 스캇 선장이 배를 운항했다. 야간 항해에 쓸 레이더는 아직 배선 작업이 끝나지 않아 이번 항해에서는 가동할 수 없었고, AIS에 의존하여 갈치잡이 배들이 온 바다를 밝히고 조업하는 곳을 멀리 우회하여 6월 30일 오후 5시경 김녕항에 도착했다. 서울 700요트클럽 멤버들이 이틀 후 모두 내려와 배의 명명식을 하기로 되어 있어서 마음이 급했다.

배 이름은 순수한 우리말 '벗삼아호'로 명명했다. 이름을 지을 때 수많은 후보군이 있었지만 '벗삼아'가 듣기도 부르기도 좋았고, 또 숨은 뜻이 마음에 들어 이것으로 결정했다.

첫 항해 후 도착한 제주도

7월 2일 명명식이 있었다. 20여 명의 요트 동호인들과 친구들이 모여 서양식으로 샴페인 병을 뱃머리 앵커에 깨며 "그대를 벗삼아호로 명명한다" 하는 것으로 세리머니는 가볍게 끝내고 모두들 배에 올라 김녕 앞바다를 함께 순회하며 새로운 타입의 조용한 하이브리드 카타마란을 경험했다.

본격적인 장비들과의 악전고투

다음날부터 본격적인 오리엔테이션 교육에 들어갔다. 스캇 선장이 일주일간 더 머물면서 내가 혼자서 운항할 수 있도록 배의 모든 것을 설명해주고 돕는 일을 하기로 했다. 그런데 이 친구가 어찌나 말이 많고 산만한지 그냥 듣고 있으면 한 가지 설명을 하다가 그 주제가 채 끝나기도 전에 그야말로

2011년 7월 2일 제주도 김녕항에서 명명식을 가졌다.

삼천포로 빠져버려 무엇 하나 제대로 해내지도 못하고 시간만 축내는 것이었다. 이튿날부터는 내가 직접 스케줄을 조정하고 관리하여 알고 싶은 것을 하나씩 질문하고 답변을 듣는 방법으로 오리엔테이션 방법을 바꾸었다. 이렇게 해서 그나마 일주일이 지나자 어느 정도 배에 대한 공부를 마칠 수 있었다.

스캇 선장이 미국으로 돌아간 다음날 오전 10시쯤 혼자 배에 올라 커피 한 잔을 끓여놓고 앉았다. 아직은 생소한 배에서 바다를 바라보니 기분은 좋은데 남들이 선망하는 요트를 소유한 기쁨과는 차원이 다른 두려움이 몰려왔다.

과연 내가 이 배를 몰고 항해를 할 수 있을까? 우선 크기부터 터무니없이 커서 물에 떠 있는 30평 아파트 크기 정도인데 이걸 어떻게 접안시키고 이안시키며 내 몸처럼 움직일 수 있을까? 그리고 8층 높이의 돛대에 제대로 돛을 펼치고 난바다를 달릴 수 있을까? 수많은 항해 장비와 기기들을 무슨 수로 다루어나가며, 고장 나면 그걸 고치며 타고 다닐 수는 있을까? 오리엔테이션 중 녹화한 동영상과 빽빽하게 적은 메모를 보면서 지난 2주 동안 겪은 생소한 변화들을 되짚어보니 꼭 꿈을 꾸는 것만 같았다.

갑자기 어디서 '쉿' 하는 소리가 들린다. 커피잔을 내려놓고 귀를 기울이니 스타보드오른쪽 침실 쪽에서 나는 소리다. 가만 살펴보니 물이 새는 것 같았다. 십자드라이버를 가져가 내 침실 복도 한켠의 보드를 풀어내 보니 흰색 급수관에 가로로 실금이 가서 그곳으로 물이 분수처럼 터져나오고 있는 것이 아닌가! 순간 당황했지만, 마음을 가라앉히고 자, 어디 보자…….

일단 수압을 낮추려면 급수펌프의 전원을 꺼야겠지. 그게 어디 있더라? 찬찬히 살롱에 있는 컨트롤보드에 적힌 불어와 영어로 된 스위치 이름을 찾아 내려가다가 내가 찾던 항목을 발견하고 스위치를 내렸다. 다시 누수가 있는 곳으로 가보니 그제야 새어나오던 수압이 약해졌다. 하지만 물은 자연압에 의해 계속 흘러나왔다.

커피 마시다 이 무슨 날벼락인가. 더더욱 스캇 선장이 있을 때 터졌어야 그 친구 시켜 고치기나 하지 말이다. 그런데 터진 호스는 어떻게 교체하지? 호스의 규격은 어떻게 되나? 공구는 뭐가 필요하지? 이 급수관은 어디서 나와서 어디로 가는 거지? 제주에서는 어딜 가야 이런 걸 구할 수 있지?

우선 잘라서 양쪽 끝을 막아놓고 호스를 구해와보자. 실장갑을 착용하고 가위를 들고 와 호스를 자르려니 턱도 없었다. 다시 식칼을 들고 잘라보니 의외로 딱딱하여 칼이 잘 들어가지도 않는다. 톱이나 잘 드는 커터칼이 있어야겠네…….

이 급수관을 부분적으로 잘라내고 새로운 호스로 갈아끼우는 데 다음날 한나절이 걸렸다. 어찌나 비좁은 공간에서 작업을 해야 하는지, 손은 잘 들어가지 않고, 공구 사용법도 서툴고, 또 한 공정 한 공정이 별것 아닌 듯해도 우리 같은 풋내기가 하려니 모든 것이 힘들고 어려웠다. 다 되었다 싶어 펌프를 가동시키면 조그만 틈으로 또 새어나오고, 또다시 고치기를 반복했다. 잘라내고 다시 연결한 이음새 부분에 스테인리스 클램프를 각각 두 개씩 채우고서야 누수가 멈추고 제대로 수돗물을 쓸 수 있었다.

혼자서 본격적인 항해 연습을 실시했다. 배 접안·이안하는 법, 혼자서 돛을 펴고 접는 법, 축범하는 법, 제자리돌기, 자이빙뒷바람에서 배의 방향을 바꾸는 것, 태킹앞바람에서 배의 방향을 바꾸는 것, 실내의 전자 장비 운용법, 발전기 운용법, 각종 스위치의 위치와 작동법 등등 해도 해도 끝없는 공부의 연속에도 마음은 그저 즐겁고 상쾌했다.

호텔에서 배로 숙소를 옮기고 혼자서 그렇게 배와 씨름했다. 그 와중에 큰 도움이 된 것은 표연봉 선장을 만난 것이다. 그가 옆에서 모든 것을 자문해주고, 어렵고 힘든 일은 대신 해주었다.

제주 근해에서의 항해 연습이 조금씩 이어지며 생소한 장비들과 친해지기 위한 시간을 가졌다. 전기 시스템의 이해가 부족해 항해 중 두 번씩이나 표류도 경험했고, 발전기 고장, 수압펌프 고장 등등 한 번도 경험해 보지 못하던 장비들과의 악전고투도 약이 되었다.

본격적인 오리엔테이션

첫 솔로 항해에 도전하다

8월 어느 날 아침, 갑자기 혼자서 솔로 항해를 해볼 때가 되었다는 생각이 들었다. 모든 탈것이 그렇듯 혼자 하는 것은 의미가 있다. 아기의 첫 걸음마도, 항공학교의 첫 솔로 플라이트도 모두 어렵고 떨린다. 배도 그렇다. 첫 경험의 도착지는 20해리 떨어진 도두항으로 정했다. 그곳에 가서 자리물회를 먹고 오리라. 그곳 마리나 나 회장님에게 전화했더니 같이 점심을 하잔다.

계류줄을 접안할 때 혼자서 쉽게 잡을 수 있도록 가급적 잘 사려 던져 놓은 뒤 배를 몰고 김녕항을 빠져나왔다. 바람은 7~8노트, 아주 쾌청한 날씨였다. 주돛을 올리는데 여전히 서툰 것이 하나둘이 아니다. 올리는 도중 레이지잭돛을 담는 포대 줄이 걸리기도 하고, 메인시트주돛 조정줄를 풀어놓지 않아 돛 모양이 다 올라가도 찌그러지기도 한다. 돌아가면 오후에 매뉴얼을 만들어 하나씩 확인하며 할 수 있도록 해야겠다고 생각했다.

겨우 돛을 다 올리고 270도 방위로 배를 돌리니 2.5노트의 속도가 나온다. 모터를 1단으로 돌려 힘을 보태니 4노트가 조금 넘는다. 리모컨을 목에 걸고 뱃머리에 앉아 한라산을 바라보니 새털구름이 조금 걸린 산 정상이 눈에 선명하게 들어오고, 아침에 출항한 정기 여객선이 내 오른쪽으로 멀리 지나간다. 그 방향이면 삼천포나 부산으로 가는 배일 것이다. 무엇보다 혼자서 항해를 나온 것에 고무되어 기분이 아주 좋아졌다. 제주항을 지나 도두 마리나에 다시 전화했더니 직원이 폰툰에서 내 배가 들어오면 도와주려고 기다리고 있단다.

좁은 곳에 어떻게 접안을 했는지 기억이 없다. 어쨌든 지시하는 선석船席으로 배를 부딪치지 않고 세웠으니 말이다. 그곳 직원과 비트에 배를 잘 고정시킨 후 마리나 사무실로 올라가 나 회장님과 점심을 같이 하기 위해 바로 식당으로 향했다.

왕초보 딱지를 떼고 진짜 선장이 되다

문제는 회항 길에 일어났다. 밥을 먹고 돌아와 한 30분가량 세상 사는 이야기를 나누다가 마리나로 내려와보니 바다가 심상치 않게 변해 있었다. 등대 밖으로 보이는 백파가 나를 떨게 했다. 나 회장님이 괜찮겠냐며 바람이 좀 잔잔해지면 출발하라고 권한다. 내가 왕초보라는 걸 아시니 하는 이야기다. 조금 오기가 생겨 괜찮다고 하고는 배를 몰아 항구를 빠져나왔다.

방파제를 막 벗어나는 순간 사나운 파도가 덮쳤다. 바람 방향으로 배를 돌려세운 후 자동모드로 전환시키고 주돛을 올리기 시작했다. 1단 축범 위치까지 다행히 아무 문제없이 돛을 올린 뒤, 배를 돌려세우고 집세일을 풀어내다가 돛이 바람에 말려 그만 엉켜버리고 말았다. 아찔한 순간, 언제 나왔는지 나 회장님이 직원과 함께 제트스키를 타고 내 요트로 왔다. "천천히 하세요", 나 회장님이 나를 안정시키려고 말을 건넨다. '그래, 정신 차리자.' 일단 엉킨 것을 풀려면 바람 방향으로 배를 세워야 한다. 배를 조종하여 순간풍속 35노트를 넘나드는 바람 속으로 뱃머리를 돌려놓았다. 역시 집세일은 몇 번 펄럭거리다가 엉킨 부위가 한순간에 풀린다. 얼른 집시트를 당겨 조여놓고 다시 배를 동쪽으로 돌렸다. 그러자 배가 힘을 받으며 8노트 이상의 속도가 붙었다.

나 회장님과 그의 직원은 내가 제주항 쪽으로 나아가는 걸 줄곧 따라오

솔로 항해는 성공했다.

그날 오후 제주시에 있었던

표 선장은 차를 몰고 어디를 가다가

제주항을 지나 동쪽으로 항해하는

꿈같이 아름다운 멋진 돛배를 보았다고 했다.

며 배웅해주었다. 고마운 일이다. 경황이 없어 그곳의 계류줄을 내 배에 걸고 나온 걸 그들에게 돌려주고는 고맙다는 인사를 하며 이제 그만 돌아가시라고 했다. 제주항 조금 못 미쳐 그들이 손을 흔들고 돌아간 후 나는 비로소 돛 조정을 새롭게 하고 김녕 마리나의 위치를 감안하여 배의 코스를 맞춘 후 제대로 세일링을 즐겼다.

그런데 참 제주 날씨라는 것이 천변만화했다. 제주항을 막 벗어나 조천 앞바다에 이르렀을 때 바람이 갑자기 사라져버렸다. 돛은 펄럭이고 속도는 뚝 떨어졌다. 할 수 없이 배를 바람 방향으로 돌리고 돛을 접었다. 반시간쯤 후 내 자리에 배를 접안시키고 도두항 나 회장님께 무사히 도착했음을 알렸다.

솔로 항해는 성공했다. 그날 오후 제주시에 있었던 표 선장은 차를 몰고 어디를 가다가 제주항을 지나 동쪽으로 항해하는 꿈같이 아름다운 멋진 돛배를 보았다고 했다.

그해 가을 제주-가거도-홍도-흑산도-어청도-서산-전곡 마리나-군산-새만금-진도-추자도-제주도의 서해안 항해가 있었고, 다음해에는 남해안 일주, 그 다음해는 독도와 울릉도 일주 등의 항해 연습과 새로운 추진용 발전기의 설치를 끝냈다. 그후 일본 대마도-규슈 일주를 마치고 나서야 비로소 나는 전기추진체에 대하여, 그리고 라군440 카타마란에 대하여 조금 알고 배를 움직일 수 있는 진짜 선장이 되었다.

동남아
항해를 계획하다

여유롭고 느긋한 장거리 요트 여행을 꿈꾸며

2014년 봄, 평소 생각했던 장거리 항해를 실행에 옮기기로 마음먹고 준비에 들어갔다.

우리나라 요트 항해는 한 곳의 목적지를 정하고 그곳까지 도착하는 것을 목표로 삼는다. 그러나 외국 사람들이 요트를 즐기는 방법은 코스를 정하고 느긋하게 시간적인 여유를 가지고 여행한다. 한 곳에서 심지어 수년씩 체류하며 현지인들과 소통하고 즐기며 지내다가 다음 목적지로 옮겨서 또 수개월씩 보내는 요트에서의 생활 그 자체를 즐긴다.

내가 소유한 요트와 같은 라군440은 전 세계에 450대 정도 있다. 그중 50대 정도가 그런 장거리 항해 생활을 한다. 부부가 같이 세계일주를 하는 요트인들도 매우 많다. 내가 아는 LEUCAT 오너 데이브는 그의 아내 마거릿과 9년째 세계를 돌아다니고 있다. 미국에서 출발하여 남태평양, 오세아니아를 거쳐 인도네시아, 말레이시아, 태국, 인도, 아프리카를 지나

지금은 카리브 해에 있다.

나는 집사람이 뱃멀미 때문에 제주를 벗어나는 항해는 아예 하려고 하지 않기 때문에 그런 생활은 꿈도 못 꾼다. 사실 우리 집사람뿐 아니라 우리나라의 모든 도시 사람들이 바다를 좋아하지만, 바다에 대한 공포를 가지고 있다. 세월호 사건 이후 특히 더하다. 배 타는 것을 두려워하고, 특히 요트 같은 작은 배는 더더욱 그렇다.

이번에 준비하는 항해는 도착하는 항구마다 들러 관광을 하고 즐기다가 날 좋을 때 다음 항차를 이어가는 여유 있는 여정으로 잡고 싶은데, 문제는 그렇게 시간을 내어 느긋한 항해를 같이 해줄 크루 멤버동반 항해자를 구할 수 있는가가 큰 변수였다. 항해 경로나 일정상 적어도 6명 이상의 탑승 인원이 필요하다.

장비의 보완도 필요하다. 발전기도 손보고 말썽을 부리는 배터리 시스템도 조치해야 한다. 이대로는 장거리 항해가 불가능하다. 해적보험도 들고 위성전화와 중요 항해 장비의 보조부품들도 챙겨야 한다. 사전에 우리가 방문할 도시에 대한 공부도 해두고 중간중간 도와줄 현지인들과의 사전 연락과 사전 입국 절차도 봐두어야 한다. 또 국내에 기술지원팀을 준비해놓아야 문제가 있을 때 도움을 받고 해상 기상에 대한 정보 등을 분석해서 받아 실전에서 사용할 수 있다.

벗삼아호
탑승 인원
공개모집

나와 표 선장, 그리고 내 동생 외에 필요한 3~4명의 탑승 인원은 다음카페 '5불당'의 도움을 받아 공개 모집하기로 했다. 5불당 운영진과는 2013년 수마트라 오지 탐사에 참가했을 때 여러 날을 함께 지냈기에 잘 알고 있었고, 내가 항해의 성격과 개략적인 항해 루트를 설명하자 흔쾌히 도와주겠다고 약속했다. 2014년 8월 중 선발 방법 등에 대한 사전 조율 이후 9월 3일 5불당 게시판에 인원 모집 게시물을 등재했다.

사실 나는 인원 선발 시 여성 크루 멤버의 모집은 항해의 성격상 상상도 못했다. 하지만 5불당 친구들은 두 명 정도의 여성 참여는 바람직하며, 또 전 구간 다큐 촬영을 위하여 촬영 전문가 한 사람은 반드시 승선해야 한다고 주장했다. 듣고 보니 상당히 참신한 제안이었다. 의외로 많은 사람들이 함께 가겠다고 프로필을 보내왔다. 두 명의 여성 지원자를 포함하여 5~6명을 1차 선별하고 인터뷰에 들어갔다.

문제는 엉뚱한 곳에서 터졌다. 선발된 여성 지원자 중 한 명이 10월 중순 갑자기 여정을 포기해버린 것이다. 한 명만 데리고 갈 수는 없었다. 방 한 개를 여성대원 한 사람에게 배정하면 나머지 남자대원들은 어떻게 하며, 그 긴 일정을 미혼여성 혼자서 불편함을 어떻게 견디며 항해할 수 있겠는가. 결국 남자대원만으로 팀을 꾸리기로 하고 남은 여성 지원자에게 그 사실을 알렸다.

그런데 영상의학과 의사인 이 친구가 여러 가지 이유를 들어 반드시 팀에 합류하여 항해에 참가하겠다고 완강하게 고집을 부렸다. 중남미 여행 중 이 항해 계획에 참가하기 위하여 잔여 일정을 포기하고 귀국 항공권까지 사놓았다는 것이다. 5불당 운영진을 포함한 여러 사람들과의 수차례 협의 후 그녀를 팀에 합류시키되 일본까지만 함께 한 후 하선시키자는 안이 만들어졌다.

이렇게 하여 기존 식구들 세 명에다 최종적으로 여성 한 명, 20대 촬영감독, 30대·40대·50대 남자대원까지 모두 8명으로 대원들의 구성이 끝났다.

준비 또 준비, 최고로 안전한 돛배로 무장하다

우리 배는 세 대의 발전기가 있다. 추진용 직류발전기 두 대에 교류발전기 한 대로 모두 제 역할이 있다. 두 대의 직류발전기 중 연식이 9년 된 볼보팬더 모델은 항상 서너 시간 작동하면 엔진 과열로 자동 멈춤 기능이 작동되는 고질적인 문제점을 갖고 있었는데, 이를 손보기로 하고 제주에 있는 발전기 전문가에게 수리를 맡겼다. 두 대가 모두 정상 작동해야 마음 놓고 항해할 수 있지, 한 대에 의존해서 원거리 항해에 나서는 것은 내 성격상 참을 수 없었다.

수리가 끝난 발전기가 설치 후 작동되지 않아 다시 배에서 내려졌고, 일부 엔진 부품을 추가로 갈아야 한다기에 수백만 원을 지불하고 새 부품으로 교체했다. 그런데 또다시 작동이 되지 않아 공장으로 보내 조사해보니 발전용 전동기 부품이 어긋나서 당장은 사용이 불가능하고, 그걸 수리하려면 추가로 2~3개월 더 걸리는 것으로 판명되었다. 도대체 멀쩡하던 발전기가 냉각순환장치 수리를 위해 배에서 내려졌다가 결국 중요한 항해에 가져가지도 못하는 치명적인 상황으로 변해버리고 만 것이다. 출발 예정일인 11월 10일까지 딱 7일 남은 시점에서 말이다.

우리 배에 사용되던 추진용 배터리 팩은 중국산 리튬인산철 배터리다. 3.2볼트 45개를 직렬로 연결하여 144볼트 고전압으로 사용하는데, 문제는 BMS라고 하는 충전조율장치가 조악하게 제조되어 벌써 두 번이나 고전류에 녹아내리는 사고가 발생했고, 국내 내수면 항해는 별문제가 없지만 수개월씩 걸리는 장거리 항해에서 자칫 그런 사고가 나면 감당할 수 없다. 결국 모두 들어내고 국내산 대형 납전지로 바꾸기로 결정했다.

그 외에도 체크리스트를 만들어 하나씩 하나씩 2개월에 걸쳐 장비의 보완과 수리 혹은 구입이 이루어졌는데, 큰 항목을 살펴보면 다음과 같다.

1 AIS용 추가 GPS

2 new version navionics 해도 구입

3 스카이라이프 위성TV 새 모듈과 HD 수신기

4 추가 자동항법장치

5 위성전화

6 딩기 6인용 1정 추가 구입

7 구명뗏목 1정 추가 구입

8 해적보험 및 대원 상해보험 부보

9 220V용 인버터

10 직류 144V용 컨버터 2벌

바다를 항해하는 건 육지에서 자동차를 모는 것과는 다르다. 항해 시 사

방 8m×14m 크기의 우리 배에서 벗어나면 죽음의 신이 기다린다. 전문 용어로 MOB man over board 라고 하는데, 선원이 배에서 떨어지는 돌발사태가 발생하면 이를 감지하고 배를 세우는 데 수 분 정도 걸린다. 이때 배는 벌써 수백 m를 항해한 후다.

사람이 바다에 빠지면 아주 잔잔한 바다에서도 찾기가 힘들다. 더더욱 거친 바다를 항해하다가 배에서 떨어지면 생사를 장담할 수 없다.

장비 보완은 이런 장거리 항해, 특히 난바다에서 외부의 도움 없이 어떤 돌발 사고가 발생하더라도 문제 없이 가까운 항구에 입항할 수 있도록 하는 life support and survival 시스템을 갖추고 대원들이 편안하고 안전하게 항해할 수 있도록 도와주는 데 필수적이다. 국내 기술지원팀은 수영만 마리나의 마린크래프트 이 박사 팀이 맡기로 했고, 필리핀 현지에서 팀에 참가하기로 한 피닉스아일랜드 김 팀장도 기상 상황 분석 등을 도와주기로 했다. 이렇듯 동남아 항해를 앞둔 김녕항 벗삼아호는 최신 장비를 탑재하고 국내에서 최고로 안전한 돛배로 무장되어가고 있었다.

출항 준비

벗삼아호에서의 첫 상견례와 오리엔테이션

대원들은 각자 시간이 되는 대로 제주에 모여 숙식을 같이하며 출항 준비를 돕기로 했다. 동생은 탐사대장, 표 선장은 항해사, 나는 선장으로 호칭을 통일했다. 다른 대원들은 항해하면서 별명을 하나씩 만들어주기로 하고 일단은 아무개 대원으로 부르기로 했다.

탐사대장은 앞으로 두 달간 먹고 사용할 식료품과 생활필수품을 대원들과 함께 마트를 들락거리며 구입하고, 지정된 보관 장소에다 목록을 작성하여 적재했다. 나와 항해사는 배의 장비 점검과 리깅돛과 범주 관련 부품 채비, 워터메이커 등의 가동, 항로와 기항지 점검, 각 항구의 정박 장소 물색 및 해도와 구글지도의 다운로드 등 항해 전반에 대한 사전에 작성된 길고도 긴 점검표의 항목을 하나씩 지워나갔다.

11월 10일, 대원들이 모두 집합하여 상견례 후 방을 배정했다. 우선 나와 탐사대장 허광훈 그리고 심지예 대원이 오른쪽 선실을, 황종현 대원과 김동오 대원이 왼쪽의 선수 쪽 선실을, 막내이자 촬영 담당 이종현 대원과 윤병진 대원 그리고 표연봉 항해사가 왼쪽의 선미 쪽 선실을 사용하기로 했다.

모든 대원들을 상대로 배에 대한 오리엔테이션이 있었다. 모두들 요트는 처음이라 하루 이틀 배워서는 용어 자체를 외우기도 어렵다. 따라서 중요한 주의사항과 간단한 스위치 사용법, 화장실 사용법 등만 집중적으로 교육시켰다.

배에서는 금연과 금주를 실시한다. 다행히 대원들 중에는 아무도 흡연자가 없었고, 술은 정박 중 선장의 허가를 받아 마실 수 있도록 엄격한 통제를 하기로 했다. 살롱 내에서는 누구도 옷을 벗고 있으면 안 되고 반드시 반바지와 반소매 이상은 입고 있어야 한다. 아무라도 어느 때든 살롱에서는 절대 드러누울 수 없다. 단, 콕핏Cockpit, 조종석 에서는 누워 쉴 수 있다.

식사 당번과 선교의 항해 근무는 선장과 항해사 빼고는 어느 누구도 열외될 수 없으며, 반드시 정해진 시간에 자기에게 주어진 임무를 수행해야 한다. 선장과 항해사의 명령 없이는 절대 개별적 장비 조작은 금한다. 자기가 쓴 물건과 공구는 반드시 꺼낸 자리에 다시 넣는다. 이와 함께 중요한 네 가지 매듭법을 반복하여 교육시켰다. 팔자매듭, 바우매듭, 클로바와 클리트 매는 법을 가르쳤는데 모두들 재미있어한다.

범주의 기본인 돛 올리기와 내리기, 축범, 태킹, 자이빙 방법, 양력과 풍력 이용법, 풍압이 걸려 있을 때 줄 당기기와 줄 풀기, 클리트와 윈치 사용법, 각종 헬리오드돛을 올리고 내리는 줄 와 시트풍향에 따라 돛의 각도를 조절하는 밧줄 조정

법, 와일드 자이빙풍하로 항해 시 바람 방위가 바뀌면서 돛이 원치 않는 방향으로 회전하는 것의 위험을 피하는 법, 돌풍에 대한 대처법 등 범주 관련하여 대원들에게 가르칠 것은 너무 많고 시간은 짧았다.

유일한 여성 심지예 대원은 생각보다 탁월했다. 배우는 것도 열심이었고, 언제나 자기 위치를 알고 대원들이 그녀가 여자라는 것을 인지하지 못할 정도로 현명하게 처신하며 그룹의 중심에 섰다. 다행히 출항 전까지 나와 탐사대장은 제주아파트에서 기거해서 잠자리 문제는 없었고, 출항 후에도 각각 맡은 역할로 침실 사용 시간이 달라 문제 될 것이 없었다.

하지만 이제 건너야 할 고토뱅크제주와 일본 고토 섬 사이의 해협가 모든 걸 말해줄 것이다. 초보가, 그것도 여자의 몸으로 2~3m의 지속적인 파도에 밤새 시달리고 나면 결국 나가사키에서의 다음 항차는 스스로 포기할 것이다.

여덟 가지 꿈을 실은 '꿈의 벗삼아호' 드디어 출항!

본래 출항일을 11월 12일 전후로 잡았는데 생각보다 강풍에 파고가 높아서 나와 항해사는 이번 바람이 잦아들고 그 다음날인 11월 14일을 출항일로 정했다. 대원들 대부분이 초보들이어서 첫 항해를 힘들게 하는 것은 바람직하지 않기 때문이다. 그래도 고생은 할 것이다. 왜냐하면 고토뱅크는 쿠로시오 난류의 주 통과 지점이어서 15노트 이상의 바람에서는 언제나 파고도 높고 해류도 동북쪽으로 많게는 2~3노트 정도 나오는 난코스이기 때문이다.

13일 5불당 운영진이 우리의 출정식을 위해 제주로 내려왔다. 특히 인도네시아에 있던 최대윤 카페지기 부부는 고맙게도 우리를 격려하기 위해 일부러 귀국하기까지 했다. 고마운 일이다. 제주에 사는 몇몇 카페 회원들도 소식을 듣고 찾아와 조촐한 출항 파티를 빛내주었다.

저마다 다른 항해를 꿈꾼다. 바람이 점차 잦아드는 마리나의 불빛을 보며 이번 일생일대의 항해가 내 인생에 커다란 행복이며, 나와 같이하는 모든 대원들에게 큰 축복이 되기를 기원하면서 배를 바라보며 크게 성호를 그었다.

출항 인터뷰

'5불당 세계일주 클럽'과 함께 한 출정식. 이제 출항만 남았다.

출항 준비 이모저모

출항 전 구석구석 대청소

선내 조종실 주요 장비 사용법 교육 장면

개인별 실외용 슬리퍼 지급 완료

팔자매듭,
바우매듭,
클로바와
클리트 매는 법
교육 장면

먹거리 챙기기 등 장보기 후 지정 장소에 적재하기

출항 신고서 작성하기

[별지 제132호서식]

승객명부 Passenger List	□ 입항 Arrival / ☑ 출항 Departure	□ 최초 Notice / □ 변경 Change / □ 최종 Final / □ 취소 Cancel	○ 제출번호(적하목록 № : MRN)
1. 선박명 Name of Vessel: Budsama	2. 호출부호·선박번호 또는 IMO번호 Call sign · Official No or IMO No: JJC - 111046	3. 당해년도 입항회수 Number of entries made this year	

4. 번호 No.	5. 성명 Name of Passenger / 9. 생년월일/주민등록번호 Birth Date(yy/mm/dd) / ID №	6. 국적 Nationality / 10. 성별 Sex	7. 여권번호 Passport № / 11. 승선지/승선일 Port & Date of embarkation	8. 승·하선구분 Embarked/To be disembarked at this port / 12. 신고물품 소지유무 Any items to declare? (Yes / No)
1	Heo Kwangeum / Mar. 4. 1964	Korea / 남(M)	M 38981477 / Jeju Nov. 11	No
2	Heo Kwanghwan / May. 14. 1967	Korea / M	M 30584219 / Jeju, Nov. 11	No
3	Hwang Jonghyun / Jan. 15. 1958	Korea / M	M 50190867 / Jeju, Nov. 11	No
4	Lee Jounghyun / Mar. 29. 1969	Korea / M	M 43050923 / Jeju, Nov. 11	No
5	Kim Dongo / Feb. 15. 1968	Korea / M	M 51285566 / Jeju, Nov. 11	No
6	Yoon Byeongjin / Feb. 7. 1982	Korea / M	M 06843252 / Jeju, Nov. 11	No
7	Sim Jiye / May. 7. 1983	Korea / F	M 66283763 / Jeju, Nov. 11	No
8	Pyo Younbong / Aug. 27. 1971	Korea / M	M 62461708 / Jeju, Nov. 11	No

13. 보고일자 및 보고자(선·기장 또는 선박대리점) 서명 Date and signature by the Master or authorized agent
보고일자 : Date □□□□/□□/□□ ccyy / mm / dd
서명 Signature :

To 귀하

~번 항목의 성명은 성과 이름순으로 기재 (Please write down family's name first in column 5.)

210㎜×297 일반용지 60g

돛대 점검하기

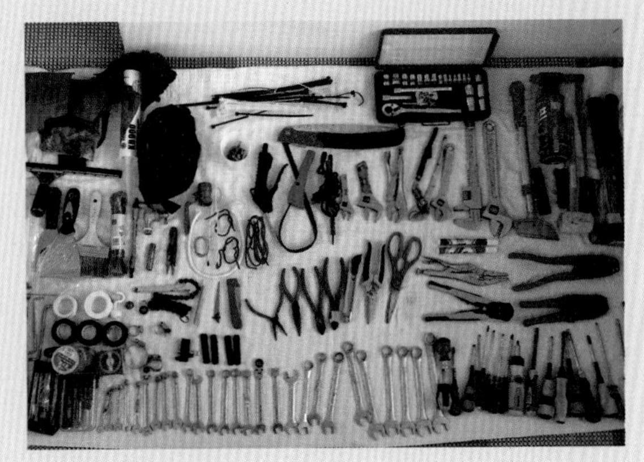

출발 전 공구 정리하기

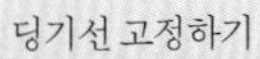

딩기선 고정하기

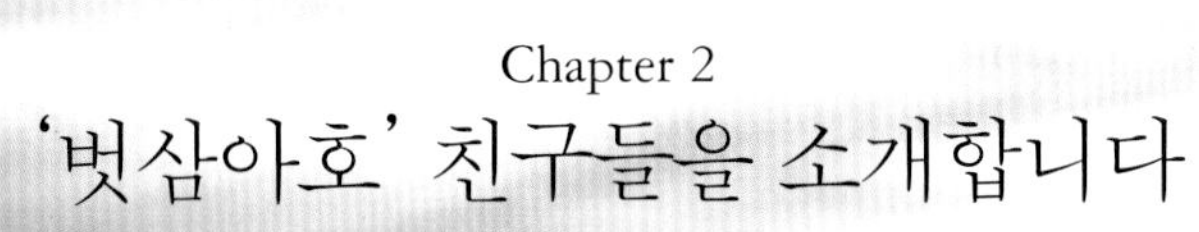

Chapter 2

'벗삼아호' 친구들을 소개합니다

요트와의 만남

탐사대장 허광훈 | 닉네임 '바람' |

나와 요트는 전혀 연관이 없었다. 요트는 그냥 책에서나 보고 관광지에서나 볼 수 있는 것으로 알고 있었다. 그런데 그런 요트라는 단어가 현실로 다가온 일이 있었다. '바람의 딸'로 유명한 내 친구 한비야가 세계여행을 마치고 일본 친구 한 명과 요트 여행을 구상했는데, 나도 포터 겸 프로펠러 줄이 감기면 풀어주는 임무로 함께 하기로 한 것이다. 하지만 비야가 진로를 바꿔서 NGO 활동에만 전념하다 보니 자연 다시 나와는 무관해졌다.

평소 1년에 네댓 번 해외로 스쿠버다이빙을 다녔는데, 필리핀 포춘아일랜드라는 개인 섬 앞에서 가끔 요트를 타고 다이빙을 하는 외국인들을 만나면 그렇게 부러울 수가 없었다. 세계자연유산인 투바타하 암초 자연공원에 갔을 때 그 먼 곳까지 자신의 요트를 몰고 와서 유유자적 다이빙을 즐기는 사람을 보면서 요트가 있어야만 누릴 수 있는 여유를 부러워했다.

그러던 중 형이 요트를 배워 자격증을 따고 딩기로 요트 연습을 할 때 동승했다가 나의 실수로 형이 붐대에 맞아 큰 사고로 이어질 뻔한 일이 있었다. 놀란 맘에 그후로는 요트를 배워볼까 하는 마음도 아예 내려놓고 있었다. 그러던 어느 날 형이 요트를 사겠다는 황당 발언을 했다. 나는 형에게 이렇게 말했다.

"없으면 갖고 싶고 갖고 나면 후회하는 게 세 가지 있는데 뭔지 알아? 첫 번째가 첩이고, 두 번째가 별장, 마지막이 요트야. 그런데 요트는 살 때도 웃고 팔 때도 웃는대."

그 말에도 아랑곳없이 형은 국내 최초의 하이브리드 카타마란을 대책없이 구입했다. 그후 내 이름은 '벗삼아 동생'이 되었고, 항해를 마친 지금은 '벗삼아 작은 선장'이 되었다.

벗삼아호와 인연을 맺은 나는 왕초보 선장을 모시고 서해 일주, 남해 일주, 독도까지 돌아오는 동해 일주까지 마쳤고, 대마도를 거쳐 일본 규슈 세일링까지 함께 했다. 몇 년간을 요트 자격증도 없이 함께 다녔는데, 이번 항해는 장거리 항해라 적어도 세 명은 요트를 알아야 3교대 항해가 가능할 것 같았다. 서둘러 항해에 필요한 요트 면허와 수상조종면허 1급, 그리고 무선통신사 자격증을 획득했다. 마리나 전문인력 양성 교육까지 수료하고 나니 장거리 항해에 대한 최소한의 준비를 마친 것 같아 마음이 놓였다. 항해할 때 많은 도움이 됐음은 물론이다. 덕분에 귀국길에서는 선장을 맡아 팔라완에서 제주까지 약 4,000km 2,150마일의 항해를 표 항해사와 둘이서 사고 없이 마무리했다. 이제는 말할 수 있다. 나도 선장이라고…….

꿈 있는 사람은 돈이 없고
돈 있는 사람은 시간이 없고
시간 있는 사람은 꿈이 없다.

세일링 요트는 돈이 있다고 탈 수 있는 것이 아니다. 내 경험으로 보건대 용기와 열정은 기본이고 다소 엉뚱함이 있는 사람만이 시작할 수 있는 모험이라는 생각이 든다. 요트를 타면서 다양한 분야에서 일하고 있는 많은 사람을 만났다. 그들의 공통점은 놀라운 열정의 고수들이라는 것이다. 불가능을 가능케 할 의지와 열정이 가득한 사람들. 그들을 통해 역시나 요트는 꿈꾸는 자만이 입문할 수 있다는 것을 깨달았다.

주변을 보면 돈과 시간이 있으면서도 꿈과 용기가 있는 사람은 생각보다 많지 않다. 현업에 있는 사람들은 일 때문에 시간적 여유가 없고, 은퇴한 사람들은 일정한 수입이 없으니 돈을 쓰는 데는 소심해진다. 물론 은퇴 이후 스포츠나 여행 등을 즐기며 활동적으로 사는 분들도 많지만, 대다수의 일반인들은 그렇지 못한 것이 현실이다.

형의 경우 돈은 쓸 만큼 있으면 되지 그 이상은 욕심이라며 사업은 전문 경영인에게 맡겼다. 그리고 젊지 않은 나이에 요트에 도전해 끊임없이 공부하면서 자유로운 여행을 준비한다. 나는 그런 형을 존경한다.

오래된 항해의 꿈이
다시 꿈틀대다

항해사 표연봉 | 닉네임 '표항' |

Where We Go One We Go All. 어디든 함께 가기

선장 : 항해에 대해서 아는가?

언제나 비바람과 파도 그리고 암초와 싸워야 하지.

학생들 : 왜 이런 일을 하는 거죠?

선장 : 너희에게 가장 필요한 인격 수양 때문이지. 극한 상황은 인격 수양에 많은 영향을 주거든. 배에선 질서가 무너지면 끝장이란다.

1996년에 제작된 영화 〈화이트 스콜White Squall〉의 한 장면이다. 이 영화는 1961년 실제로 있었던 상황을 배경으로 만들어진 실화다. 이 영화의 내용으로 '나의 벗삼아 가족기'를 시작하는 이유는 다른 멤버와는 조금 다른 상황에서 벗삼아호의 가족이 되었기 때문이다.

나는 1997년 우리나라에 요트의 대중화가 이루어지기 전에 요트에 입문했다. 늦은 나이에 대학에 들어가 사회복지학을 공부하던 중 앞서 이야기한 영화 〈화이트 스콜〉을 보았고, 이 경험이 내 인생의 전환점이 되었다. 대학을 졸업한 뒤 2002년 다니던 직장을 그만두고 받은 퇴직금과 모아둔 돈으로 작은 요트를 구입한 것이다.

이후 '제주요트클럽'을 운영하면서 바다 항해학교를 시작했다. 공부할수록 더 많은 해양 관련 지식이 필요했다. 그래서 제주해양대학에 편입하여 항해와 관련된 각종 자격증을 취득했다. 하지만 시대적 환경이 여전히 열악한 때라 나의 요트 활동은 고전을 거듭했다.

그러던 중 2011년 7월, 운명처럼 벗삼아호를 만났다. 우리나라 제주도에서 카타마란 세일링 요트를 볼 수 있다는 것, 특히 허광음 선장님과 그

의 동생 허광훈 부선장님을 만난 것은 나에게 큰 행운이었다. 두 분의 형제애는 많은 형제들이 꿈꾸는 그런 끈끈한 모습이었다. 늘 일치된 모습과 말과 행동을 보여주신 허광음 선장님은 지금까지 내 인생의 멘토가 되어 주셨다.

벗삼아호와 인연을 맺은 뒤 관리운항 책임자가 되어 서해, 남해, 동해 그리고 독도까지 일주하는 항해를 했다. 항해 중 선장님, 부선장님과 번갈아 당직을 서면서 두 형제의 파란만장한 인생 여정 이야기를 많이 들었다. 그 이야기는 내게 큰 자극제가 되었다. 지금도 나의 행동을 지배하고 있는 두 글자가 있다. 바로 허광음 선장님이 들려주신 '비범非凡', 어떤 일이든 본인이 한 번 결정한 일은 끝까지 책임진다는 말이다. 그 내용을 내가 이해할 수 있도록 선장님은 서부 영화 〈빅 컨트리The Big Country〉를 소개해주었다. 이 영화를 아들과 함께 몇 번을 보면서 잠시 잊고 있던 '청소년들과 함께 하는 항해'의 꿈이 다시 꿈틀대기 시작했다.

2012년 12월, 당시 15세 된 아들과 16세 조카를 데리고 미국 마이애미로 넘어갔다. 그곳에서 작은 요트를 구입하여 대한민국 최초로 청소년 태평양 횡단에 도전했다. 총 항해 거리 25,000km, 12개의 섬을 경유하여 한국에 도착하는 1년간의 프로젝트였다.

2013년 12월 13일, 모든 항해를 마쳐갔을 무렵 영화 〈화이트 스콜〉에서처럼 우리도 화이트 스콜을 만나게 되었다. 4일이나 계속된 엄청난 폭풍우 속에서 결국 배는 일본 동경 앞바다 5,000m 깊이의 태평양 바다 속으로 수장되었다. 구사일생으로 살아남은 우리 세 명만이 일본 해양경비선에 구조되어 살아서 고국 땅을 밟을 수 있었다.

나의 모든 재산과 희망의 꿈마저 물속에 수장시키고 한국으로 돌아와보니 살아갈 길이 막막했다. 다시는 바다를 보고 싶지 않아 이리저리 방황도 많이 했다. 하지만 먹고살아야 했기 때문에 막노동부터 일을 시작했다.

하지만 물고기가 물을 떠나서는 살 수 없듯이 항해 관련 일자리가 나를 유혹했다. 2014년 6월, 60피트 카타마란 요트를 필리핀 세부에서 한국 제주까지 운송해달라는 의뢰를 수락함으로써 나의 바다 일은 다시 시작되었다. 그후 벗삼아호 선장님으로부터 동남아 항해 계획을 들었고, 직업 선원 자격으로 동참해달라는 제안을 받았다. 나는 기꺼이 그 제안에 찬성했다. Where We Go One We Go All.

벗삼아호의 항해를 앞두고 팀원들이 모였다. 처음 만나는 자리에서 호칭을 정하는데, 사람들이 나를 표 선장으로 불렀다. 하지만 한 배에 두 명의 선장은 있을 수 없는 법. 난 표 선장이 아니라 표 항해가로 불러달라고 요구했다. '표항'이란 닉네임은 팀원들이 만들어주었다. 항해 법규에 보면, '항해사란 1항사는 갑판부의 책임자로 항해사 및 갑판 직원의 지휘 감독 및 선장을 보좌하고, 선장 부재 시 그 직무를 대행한다'라고 되어 있다. 선장의 직무를 간단히 요약하면, 선박의 안전 항해를 도모하는 최고 책임자로서 선박 및 인명의 안전에 대한 책임과 지휘의 권한을 가진다. 나는 항해사로서 선장님이 임무를 완벽히 수행할 수 있도록 함께 의논하고 맡은 바 책임을 다하겠다는 각오를 다졌다.

이제 나에게 가보지 못한 새로운 항로가 제시되었다. 요트를 처음 접하는 5명의 대원들과 선장님, 부선장님의 중간자적인 입장에서 이번 항해를 해야 한다. 우리가 어떤 바다를 만나게 될지, 그리고 어떤 경험을 할지 난 아직 잘 모른다. 하지만 지난 항해를 통해 배운 것을 꼭 실천하고자 한다. Pro is Slow! 비록 시간이 정해져 있기는 하지만, 바다에서는 꼭 정해진 대로 흐르지 않는다는 것을 잘 알고 있기에 난 바다의 시간을 거스르고 싶지 않다. 그래서 오랜 시간 요트 항해를 하는 사람들은 말했다. "조금 늦는 것이 사고를 당하는 것보다 낫다", "강한 비바람은 빨리 지나간다."

배는 항구에 있을 때 가장 안전하다. 그러나 그것이 배의 존재 이유는 아니다. 벗삼아호는 나와 친구들을 싣고 이제 곧 검고 푸른 바다를 향해서 항해를 시작한다. 앞으로 어떠한 일이 닥치든, 내 앞에 펼쳐지는 모든 것을 온몸으로 부딪치고 즐겁게 헤쳐나갈 것이다.

우여곡절 나의
벗삼아호 출항기

황종현 대원 | 닉네임 '둔마' |

2014년 8월 하순, 아내와 함께 하루 일과 중 하나인 펜션 청소를 끝내고 컴퓨터 앞에 앉았다. 컴퓨터를 켜면 먼저 뉴스와 증권 또는 메일을 확인하고 즐겨 찾는 여행 동호회 사이트 등을 죽 훑어본다. 그날도 똑같이 메일을 열어보는데 눈에 확 들어오는 메일이 있었다. 5불당에서 요트 투어에 참가할 대원들을 모집한다는 내용이었다. '요트 투어라……', 낯선 세계에 대한 굽힐 줄 모르는 동경이 내 눈을 자극했다.

내 나이 58세, 여행하기에 조금 많은 나이 같지만, 아직 해보지 않은 것들이 많다. 그중 하나가 요트 세일링이다. 하지만 이런 여행은 부자(?)거나 요트 운항 실력이 있어야 하는 것 아닌가? 머릿속은 복잡했다. '갈 수 있을까?', '에잇! 한번 해보는 거지 뭐.', '지금 아니면 언제 해보겠어!'

"아빠! 또 어딜 가려구?"

컴퓨터로 신청서를 작성해주던 딸아이가 채근하듯 묻는다.

"이건 그냥 여행이 아니라 요트 세일링이어서 배를 타고 장거리 여행을 하는 건데…… 아빠, 갈 수 있겠어?"

"응, 갈 수 있어. 하지만 신청한다고 다 갈 수 있는 건 아니야."

여행신청서를 보내놓은 뒤, 불 보듯 뻔한 아내의 성화를 막기 위해 집안의 잡다한 일이며 청소 등을 기꺼이 나서서 처리하며 결과를 기다렸다.

9월 하순, 요트 주인 선장님으로부터 전화가 왔다. 요트 여행 갈 생각이 있냐고 물었다. 나는 나이 때문에 이번 기회가 아니면 영영 갈 수 없을 것이라는 얘기로 내가 꼭 가야만 하는 이유를 간절하게 전달했다. 선장님과 함께 가기로 결정을 하자 날아갈 듯했다. 하지만 또 한 관문이 남았다. 이제는 아내를 설득할 차례다.

강원도 영월 시골에서의 펜션 생활은 땅도 넓지만 겨울에는 추위가 심해 단단히 준비하고 겨울을 맞아야 한다. 준비를 소홀히 하면 동파하고 엉망이 되어서 겨울 내 고생을 많이 한다. 그래서 아내는 내가 혼자 한 달 이상 길게 가는 여행은 정말 싫어한다.

하지만 어떻게 찾아온 기회인데…… 어떻게든 아내를 설득시켜야 한다. 내 나이에 요트 세일링이란 기회는 다시 올 것 같지 않았기 때문이다. 겨울을 아내 혼자 보낼 수 있도록 겨울나기 준비를 완벽하게 챙기고 또 챙겼다. 젊지도 늙지도 않은 나이에 요트 여행 한 번 가겠다고 온갖 정성을 다하는 모습에 아내도 막을 수 없겠다 싶었던지 백기를 들었다.

본격적으로 요트 여행 준비에 나섰다. 여행 중 입을 옷가지와 잠수복 일체를 구입하고, 기도서와 반찬거리도 챙겼다. 돈을 환전하고 요트 항해에 관련된 참고 서적도 구입했다. 드디어 준비를 마치고 요트가 있는 제주도 김녕항으로 출발했다.

펜션 일 때문에 다른 대원보다 도착이 늦었는데, 먼저 도착한 대원들이 서로가 나눠 맡은 소임을 확인하며 출항 준비를 서두르고 있었다. 출발일까지는 며칠 여유가 있었다. 요트는 바람이 맞는 날 출항해야 하기 때문에 기상 상태를 봐야 한다. 그동안 대원들은 함께 요트를 점검하며 며칠을 보냈다. 나의 룸메이트는 김동오 씨. 광주광역시에 사는 아직은 총각 신세를 면치 못하고 있는 노총각으로, 생업은 감정평가사이고 다이빙 교습자격증을 가지고 다이빙을 즐기며 생활하는 사람이다.

드디어 출항! 태어나서 처음으로 연안바다를 벗어나 대양으로 요트를

LAGOON
벗삼아
BUDSAMA

SAMYUNG

몰고 나간다. 설렘과 기쁨도 있지만, 혹시라도 망망대해 한가운데서 문제라도 생기면 어떻게 하나. 또 바다에 떠 있는데 아내 혼자 있는 펜션에 문제라도 생기면…… 걱정이 꼬리에 꼬리를 문다.

모든 근심과 걱정거리를 훌훌 털어버리고 닻을 올렸다. 바람도 우리를 축복하는 양 쾌적하게 불었다. 보드랍게 불어오는 바닷바람을 마치 소풍 떠나는 초등학생처럼 즐거운 마음으로 맞았다. 김녕항을 출발한 우리는 저 멀리 우도 쪽으로 방향을 잡고 앞으로 나아갔다. 제주 섬의 병풍 같은 절경을 따라 항구를 나오자 바람의 강도가 달라진다. 쾌적한 바다, 넓디넓은 대양을 향해 우리가 탄 배는 수많은 어선과 화물을 잔뜩 실은 거대한 상선을 스치고 태평양 넓은 바다로 나아갔다.

우도를 지나니 날이 어두워졌다. 하늘에는 잔별이 유리구슬을 뿌린 듯하고 바다는 깊이를 알 수 없는 검푸른 색깔로 우리를 압도했다. 이제부터 본격적인 세일링이 시작된 것이다. 한껏 기대에 부푼 선장님이 대원들을 모아놓고 각자의 소임을 정해주고 당번을 정했다. 이어지는 요트의 이론과 실제에 대한 강의는 신기하고 흥미로웠다. 특히 선장님이 강조했던 부분은 바다 한가운데서 발생하는 비상 상황에 대한 효과적인 대처법이었다. 예고도 없고 대책도 없는 바다 한가운데서 발생하는 긴급 상황. 바다에선 1분 1초가 곧바로 대원들의 생명과 직결될 수도 있는 것이다. 세일링의 안전운항과 각자의 안전을 다짐하는 선장님의 당부를 모든 대원들이 귀를 세우고 들었다.

긴장이 풀어지자 기다렸다는 듯 뱃멀미가 찾아왔다. 평소에도 뱃멀미는 별로 하지 않는 체질이지만 혹시나 싶어서 출발 전에 귀 뒤에 멀미약까지

붙였는데 소용이 없었다. 울렁거림이 갈수록 더했다. 갑판으로 나와 시원한 바닷바람을 쐬었다. 조금은 좋아졌지만 기본적인 울렁거림은 어쩔 수 없었다. 지금까지 이렇게 심한 뱃멀미는 처음이었다. 대원들에게 폐를 끼치는 것 같아 미안하고 겸연쩍었다.

지금 나는 참 행복하다. 손수 내린 원두커피를 마시면서 내가 즐겨듣는 음악을 들으며 1년 전에 내가 겪은 세일링을 회상하며 이 글을 쓰고 있다.

지인들이 요트 여행을 간다 했을 때 부러워하며 물었던 것처럼, 나도 사실 처음엔 잡지의 화보처럼 잔잔하고 아름다운 바다에 그림처럼 떠 있는 우아한 모습의 요트, 거기에 비키니 차림의 아름다운 미녀가 등장하는 …… 그런 사진 속의 낭만적인 요트 풍경을 떠올렸다. 그런데 현실은 그게 아니었다.

요트는 기본적으로 바람이 있고, 그 바람의 방향이 맞을 때 가장 잘 갈 수 있는 배이다. 평화를 불러오는 순백의 세일링복은 처음부터 없었고, 낭만적으로만 여겼던 마도로스 파이프는 언감생심이었다. 푸르른 물결 위에 그림 같은 요트를 띄우고 프랑스산 적포도주를 마시는 고급스러운 세일링은 꿈조차 꾸지 못하는 대신 거친 파도와 짓궂은 하늘과 시와 때를 가리지 않는 심술보 날씨가 그 자리에 있었다.

조용히 눈을 감으니 1년 전 그때 그 상황이 생생하게 되살아났다. 배를 탄 지 하루도 되기 전에 죽을 만치 뱃멀미에 시달리다니! 완강한 아내를 설득하여 간신히 여행 승낙을 받았고 선장님께 간청하여 얻은 승선 기회인데 하루도 안 돼서 포기해야 하다니! 하지만 포기는 정말 죽기보다 싫은 선택이었다. 여행을 말리는 아내는 물론이고 친지들에게도 얼마나 자랑스럽게 말했던가. 무사히 그리고 즐겁게 보내고 돌아오겠다고.

사실 이번 요트 여행에서 가장 크게 고통을 받은 순간은 대한해협을 통과할 때였다. 대한해협은 글자 그대로 바다의 협곡이었다. 깊이를 알 수 없는 바다 산맥이 마주 보고 으르렁대는 해협은 파도가 거칠었고 물결이 사나웠다. 이렇게 힘든 날이 내 앞에 또 있을까 싶을 정도로 괴로웠다. 하지만 모든 일에는 끝이 있는 법. 참고 견디면 곧 육지가 나타날 것이고, 이 괴로움의 순간도 모두 지나가리라.

어느 순간 정말로 육지가 나타났다. 어스름한 새벽을 타고 거뭇거뭇한 땅덩어리가 눈에 잡혔다. 말로만 듣던 일본 땅 나가사키! 짬뽕의 고장 나가사키 항구가 서서히 모습을 드러냈다. 그래, 도착했어! 이제 육지다! 나가사키다!! 풋풋한 흙냄새를 맡자마자 지독하게 괴롭히던 뱃멀미가 한순간에 날아갔다. 요트 갑판에서 맞이하는 아침 공기는 신선했다. 지금까지 나를 괴롭혔던 뱃멀미는 씻은 듯이 사라지고, 새로운 땅을 만나보는 행복한 기대와 밝은 햇살이 그 자리를 대신 채웠다.

'갈 수 있을까?'

'에잇! 한번 해보는 거지 뭐.'

'지금 아니면 언제 해보겠어!'

FUKUYA

횡단보도를 건너는 짝퉁 비틀즈

푸른 바다, 파란 하늘 그리고 나

김동오 대원 | 닉네임 '검마' |

2014년 7월 어느 무더운 날, 가끔 들르던 인터넷 여행자 모임에 접속했다. 늘어진 일상에 새로운 자극이 필요했다. 특히 그 모임에는 열정과 무모함, 모험과 도전 정신으로 가득 찬 사람들이 많았다. 그들의 경험을 듣고 나면 며칠 동안 아드레날린이 솟고 삶이 즐거워진다.

카페에 접속하니 평소에는 보지 못한 파란 바다에 하얀 요트가 떠 있는 사진이 띄워져 있었다. 세일러를 구한다는 문구와 함께. 호기심에 그 자리에서 세부 내용을 검색했다. 이어지는 알 수 없는 두근거림. 이런 투어가 진짜일까? '의문'. 나도 가능할까? '설렘'. 문득 어렸을 때 읽은 『콘티키』라는 책이 떠오르면서 바다를 만나고 싶다는 강한 욕구가 일었다.

한편으로는 요트 여행이란 돈 많은 부자들만 하는 것인데 나 같은 사람도 받아줄까 하는 의구심이 고개를 들었다. 하지만 그 순간 오기와 용기

가 생겼다. 심플하게 생각하자. 행동이 실행이다. 바로 지원서를 썼다. 안 되면 어쩔 수 없고, 되면 떠나는 것이다. 그것으로 끝.

신청서를 접수시키고 얼마의 시간이 흐른 어느 날 한 통의 전화를 받았다. 전화상으로 처음 들어보는 선장님 목소리다. 합류하라는 것이다. 심장이 다시 뛰기 시작했다. 그날 밤 잠을 이루지 못했다. 설레는 마음 때문이기도 했지만, 떠나기 전 밀린 일들을 바로 정리해야 했기 때문이다. 사실 해야 할 일들이 많아서 요트 여행에 참가하기 부담스럽긴 했지만, 무슨 일이든 지금 아니면 안 되는 것이 있다. 지금 떠나지 못하면 평생 떠나지 못할 것이다.

처리하지 못한 일들은 다른 이들에게 부탁을 하고 출발지인 제주도로 날아갔다. 거기서 처음 만나는 선장님과 부선장님, 항해사, 그리고 나와 같은 입장인 동료 대원 네 명을 만났다이때는 황종현 대원 합류 전이었다. 컴퓨터 화면에서 본 하얗고 커다란 거북선을 닮은 벗삼아호 요트를 타고 우리 대원들은 그렇게 바다로 떠났다.

바다에서의 '인터스텔라'를 꿈꾸며

윤병진 대원 | 닉네임 '멋지니' |

2014년, 그간 계약했던 회사들을 사옥에 입주시킨 후 올 한 해를 정리하면서 나에게 뭔가 선물을 해주고 싶었다. 그동안 그렇게 유학을 가고 싶었던 미국을 갈까? 아니면 세계여행을 떠날까? 무언가 새로운 것을 찾고 싶었고 어디론가 훌쩍 떠나고 싶었다.

그럴 즈음 우연히 인터넷 세계여행자 카페에서 요트 세일링 단원 모집 안내를 보게 되었다. 세일링 단원 모집 안내는 내가 지금 살고 있는 삶과는 너무나 다른 시각으로 다가왔다. 새로운 경험에 대한 기대감으로 마음은 이미 호기심의 바다 한가운데에 떠 있었다. 망설임 없이 신청서 작성에 들어갔다. 나를 어필할 수 있는 그동안의 여행 자료들을 모아서 자기소개서를 쓰기 시작했다.

경쟁이 치열할 것으로 예상은 했지만 한 달이 지나도 연락이 오지 않자 기대를 접고 다른 계획을 하고 있던 차에 한 통의 전화가 걸려왔다.

"병진 씨, 지금 합격했다고 하면 같이 떠날 수 있겠어?"

허광음 선장님의 음성이었다. 하버드대에 합격했다면 이런 기분이었을까? 얼마나 흥분했으면 같이 앉아 차를 마시던 친구는 내 모습에 로또에 당첨된 줄 알았다며 심장을 졸였다고 했다.

막상 꿈의 세일링 대원으로 발탁되고 나니 여러 준비할 것들이 많았다. 준비물을 점검하면서도 설레고 들뜬 마음이 가라앉지 않았다. 도무지 일이 손에 잡히지 않아 예정일보다 앞당겨 제주도로 내려가 출항 준비를 도왔다. 요트의 마스트 꼭대기에 올라 스프레더를 밟고 서서 우리가 항해할 먼 바다를 바라보았다. 마스트 꼭대기는 10층 건물 높이였다. 시야를 멀리 수평선에 맞추는 순간, 하얀 날개가 돋아나 무한으로 펼쳐진 바다를 훨훨 날아다니는 착각에 빠졌다. 순간 말할 수 없는 행복감이 밀려왔다. 마치 영화 속에 들어와 있는 것처럼 "I'm king of the world!"를 외치며 그 모습을 셀카로 찍어 동료 대원들에게 보냈다.

저녁 시간에 선장님과 〈인터스텔라〉라는 영화를 봤다. 여행 전에 본 이 영화는 아주 의미 있게 내 마음에 새겨졌다. 앞으로 하게 될 요트 세일링이 바다에서 경험하는 인터스텔라가 되어주길 기대하며 미지의 세계에 대한 동경을 여몄다. 벗삼아라는 이름의 요트는 지구의 바다에서 하는 여행이지만, 내 마음속에서는 지구 같지 않은 미지의 세계를 만나고자 했던 바람을 담은 우주선이었다.

세계일주 여행과 맞바꾼
생애 첫 세일링

팀닥터 심지예 대원 | 닉네임 '인절미' |

"자, 모두들 눈 감고. 인절미가 우리와 계속 여행했으면 좋겠다고 생각하는 사람 손 들어."

두근두근. 가고시마 역 대합실.

나의 운명을 가르는 투표가 막 시작되고 있었다.

사실 나는 언제부터 바다가 좋아졌는지는 잘 모르겠다. 그냥 휴가라면 바다에 가서 뜨거운 햇빛을 맞으면서 누워 있는 것을 당연한 것으로 여겼고, 6년 전쯤에는 그냥 특별한 계기도 없이 친구를 꼬드겨 스쿠버다이빙 자격증을 따기도 했다. 튀니지에서 이탈리아로 넘어오는 페리를 2박 3일 동안 타면서 '아, 이렇게 바다를 바라보고 있어도 질리지 않는데, 얼마나 배를 타면 바다가 질리게 될까?' 하는 생각을 하기도 했다.

자기계발서에 심취해 있을 시절, 닮고 싶은 예쁜 여자 연예인, 벤틀리 자동차와 함께 럭셔리 요트지금 생각해보면 파워 보트였지만 사진을 오려 붙여 책상 앞에 붙여놓기도 했었다. 나중에 돈 많이 벌면 요트클럽에 가입해서 세일링 방법도 배우고 1년에 몇 번씩 타고 다녀야지, 하고 공상에 빠지기도 했고, 실제로 얼마면 되는지 알아본 적도 있었다.

그래서 사실을 말하자면, "어떻게 이번 여행에 지원하게 되었습니까?"라는 질문에 그냥 "좋아서"라는 말 말고는 딱히 갖다 붙일 지원 동기가 없었다. 두 달 정도 럭셔리 요트를 타고 제주도부터 필리핀까지 세일링이라니! 이런 말도 안 되는 여행에 지원하고 싶은 생각이 들지 않는 것이 나에게는 더 이상할 따름이었다. 아줌마라 불려도 이상하지 않을 나이지만 나는 아직도 이 세상이 궁금했고, 내가 어디까지 가볼 수 있을지 궁금했다.

처음엔 반신반의하며 지원서를 작성했는데, 2~3개월씩 여행을 떠날 수 있는 백수가 생각보다 많이 없었는지, 당당히 두 명의 여성 참가자 가운데 한 명으로 뽑히게 되었다.

그러나 합격의 기쁨도 잠시. 갑자기 선장님으로부터 나와 같이 방을 쓰게 될 여자 대원이 여행을 포기하는 바람에 나까지 어려울 것 같다는 메일을 받았다. 당시 나는 세계여행을 하던 도중이었고, 꿈에 그리던 남미로 가는 여정도 포기한 채, 이미 환불도 불가능한 항공권 발권도 완료한 상태였다. 내가 어떻게 여기에 뽑히게 되었는데! 이대로 굴복할 수는 없었다. 게다가 내가 유일한 여자라서 어려울 것 같다는 이유는 도저히 납득하기 어려웠다. 여행하는 데 여자고 남자고가 무슨 소용이란 말인가! 보기와는 다르게(?) 나는 거의 야인 내지는 남자에 가까운 여자라서, 침낭만 있다면 바닥에서 자도 괜찮았고, 텐트에 비한다면 배 안은 나에겐 호텔이나 다름없었다.

구구절절 장문의 편지를 선장님과 이번 여행의 크루를 모집했던 다음 카페 5불당5불 생활자들의 모임 운영진에게 보내면서, 내 생애 어떤 입사 시험에서도 볼 수 없었던 열정을 영혼까지 끌어모아 설득하고 또 설득했다. 더 이상 내치는 날에는 지구 끝까지 따라다니며 괴롭힐 걸 간파하셨는지, 내 끈질긴 괴롭힘에 결국 선장님이 한 발 양보하셨다. 일단 일본까지 같이 간 후에 다른 대원들의 의견에 따라 내 하선 여부를 결정하는 것으로 일단락되었다.

"어떻게 됐어요?"

"인절미야, 미안하지만……."

설마! 그래도 일주일 넘게 동고동락한 나를 이렇게 내치실 줄이야!

"네가 우리를 위해 조금 더 고생해줘야겠다."

아! 그제야 선장님 눈에 장난기가 어린다.

인절미는 선장님이 붙여주신 내 별명이다. 내 입으로 말하기 부끄럽지만 인기 있는 절세 미녀라는……쿨럭. 아직 책 초반인데 덮지 마시라. 나는 이 배의 홍일점이고, 원래 군대나 남고에서는 여자만 보면 다 이뻐 보이지 않은가.

표 항해가 님은, 내가 배에서 일어나는 온갖 일에 죄다 참견하고, 내가 다 한다며 설레발을 친다고 오반장이라고 부르신다옛날 영화 중에 〈어디선가 누군가에 무슨 일이 생기면 틀림없이 나타난다 홍반장〉이라는 작품이 있었다. 알고 보니 진짜 이름이 홍반장이었지만 항해 내내 나는 끝까지 오반장으로 불렸다.

각자의 본색이 슬슬 드러나자 벗삼아호가 하나의 국가 같다며 동오 오빠가 모두에게 붙여준 감투들이 참 재미있다. 동오 오빠가 붙여준 내 별명은 내무부 장관, 선장님은 대통령, 탐사대장 바람 삼촌은 총리, 항해가 님은 우리의 안전을 책임지니까 국방부 장관, 둔마 삼촌은 손님맞이 때 최전선에 투입되어 외교부 장관, 병진 오빠는 렌터카 운전과 관광 담당이라 국토부 장관, 동오 오빠는 해수부 장관이다.

초등학교, 중학교 시절에는 이름 때문에 '심지'라고만 가끔 불렸을 뿐 특별한 별명이 없어서 나는 그냥 무미건조한 사람인가보다 했는데, 이렇

게 여러 사람들이 내게 별명을 붙여주니 재미있기도 하고, 내 별명들도 참 마음에 든다.

영상의학 전공인 나는 직접 외래 진료를 보진 않았지만, 명색이 의사인데 가만히 앉아 있을 수는 없었다. 응급실에서 8개월간 일한 경험과 각 과에 포진해 있는 친구들을 믿고, 일단 벗삼아의 팀닥터를 자처하고 나섰다. 상비약을 체크하고, 막내와 둔마 삼촌의 멀미약 챙기기, 정시에 복용하는 상비약을 잊어먹는 바람 삼촌의 약 챙기기 등, 대원들을 상대로 한 그날의 회진이 끝나면 가끔 발생하는 응급 환자를 해결한다.

정말 다행스럽게도 응급 환자들은 대부분 발에 가시가 박혔거나, 대일밴드와 연고로 해결이 가능한 가벼운 상처, 스트레스로 인한 어깨 결림 등, 나의 의학적인 지식이 빛날 일이 거의 없는 단순한 것들이었다. 그 흔한 감기나 배탈 하나 없이 나의 허접한 전문 지식을 들키지 않고 그 긴 여행을 무사히 마친 것이 얼마나 다행스러운지!

우리 벗삼아호에는나는 여기에 1%의 지분도 없지만, 언젠가부터 대원 모두가 '우리' 벗삼아라고 부르기 시작했다 세 개의 방이 있다. 마스터 룸은 선장님과 바람 삼촌이, 살롱을 건너 맞은편에 있는 두 개의 방은 둔마 삼촌과 동오 오빠가 한 방, 막내 이 감독과 병진 오빠가 한 방을 쓴다. 그러면 내 방은? 살롱거실의 소파다. 바닥에서 잘 각오까지 되어 있던 나에게 소파는 호텔 침구와 다를 바 없다. 극세사 이불을 돌돌 말아 몸을 누이면 금세 잠이 들고, 아침에는 알람도 필요 없이 저절로 일어나진다. 살롱 취침의 또 한 가지 좋은 점은 바로, 여자들의 로망! 선장님이 아침마다 내리는 모닝커피 향을 맡으면서 일어난다는 것이다. 내가 커피를 좋아한다는 것을 아신 후로는 내 것까지 커피를 준비해주실 때도 있다.

요트라는 협소한 공간에서 생전 처음 보는 남자들, 그것도 대부분 아저씨들과 지내는 것이 불편하다면 불편할 수도 있었겠지만, 돌이켜보면 내가 여자라는 것 때문에 선장님과 다른 대원들이 나보다 더 불편했을 것 같다. 내가 살롱에서 자고 있을 때는 남자 대원들이 일찍 깼어도 나오지 못하고 방에 갇혀 있기 일쑤고, 배가 정박한 후 내가 어디라도 나갈라치면 언제나 보디가드가 따라붙는다. 벗삼아호 최초의 여자 크루인 내가 오기 전까지는 더우면 훌렁훌렁 웃통을 벗고, 소변을 볼 때도 눈치 보지 않고 편하게 바다에 대고 물총을 발사했다는데, 이제는 뭘 해도 내 눈치를 보아야 한다.

나도 여자라는 핑계로 물러서지 않고 일부러 반 발짝 앞서 노력했음은 물론이다. 야간 불침번도 다른 대원들과 똑같이 서고, 배가 정박하거나 출항할 때도 괜히 오버해서 팬더도 번쩍번쩍 들고 다녔다. 여자라는 이유로 모두들 걱정했던 내가, 차멀미 때문에 고속버스도 오래 못 타는 내가 멀미를 가장 덜 했던 대원이었던 것은 나도 몰랐던 깜짝 반전. 반대로 가장 나이 어린 건장한 청년인 막내는 첫날부터 돌아오는 날까지 '멀미'라는 별명으로 불렸다, 하하하.

오늘도 창고에서 내 몸통보다 더 큰 로프를 둘러메고 나오는 나를 보며 항해가 님이 어이없는 눈빛으로 한마디 던지신다.

"하~ 저건 뭐, 여자도 아니고 도대체 뭐야!"

최고의 해양 다큐멘터리를 찍기 위해

촬영감독 이종현 대원 | 닉네임 '막내' |

내가 하는 일은 실물을 눈으로 보는 것보다 더 예쁘게 앵글에 담아내는 카메라맨이다. 우연히 여행 카페에서 벗삼아호 세일링에 카메라 감독이 필요하다는 글을 보게 되었다. 새로운 사람들을 만나 새로운 도전과 경험을 하고 싶었지만 사는 데 바빠 늘 계기가 부족했던 차에 이런 기회가 눈에 띄다니, 망설이지 않고 지원을 했다. 늘 도전을 꿈꾸던 나에게는 이 기회조차 엄청난 행운이라는 생각이 들었다. 경력 많은 카메라맨들을 물리치고 내가 벗삼아호에 승선하게 되었다는 소식을 듣자 마치 꿈을 꾸고 있는 것처럼 현실감이 들지 않았다. '드디어 내 인생에도 이런 기회가 찾아왔구나', 복권에 당첨되면 이런 기분이 들까?

드디어 2014년 11월, 더 예쁜 사진을 찍기 위해 직장을 그만두고 벗삼아호를 타게 되었다. 내 나이 27살. 카메라 감독이라는 직책을 가지고 벗삼아호에 승선했을 때는 경험이 많지 않아 적지 않은 부담을 가지고 출발했다. 뭐든 열심히 하겠다는 패기 하나로 뭉쳐져 있던 나는, 세상에 나가 더 많은 경험을 해보고 싶다는 생각에 사실 걱정보다는 기대와 설렘이 훨씬 컸다.

나는 배라고는 낚싯배밖에 타보지 못한 문외한이다. 더구나 요트 여행이라는 명제는 지금 생각해봐도 쉽게 이룰 수 없는 환상적인 기회였다. 내가 알던 요트는 호수처럼 잔잔한 물 위에 그림 같은 돛을 올리고 휴식을 취하는 백만장자들의 호화스런 전유물이었다. 그런 생각 때문이었는지 바다에서의 위험 상황에 대한 대비까지는 생각이 크게 미치지 않았다.

출항하기까지 2주 남짓 남은 시점이었기 때문에 여러 달 걸리는 요트 여행 준비를 하기엔 시간이 촉박했다. 우선 다니던 직장을 그만두고, 필요한 카메라 장비를 챙겼다. 부족한 장비도 하나둘 채워나갔지만 메인 카메라가 문제였다. 벗삼아 대원들과 모바일 메신저로 이야기를 나누던 중, 허광훈 탐사대장님에게 좋은 카메라가 있다는 말을 듣고 빌릴 요량으로 부탁을 드렸다. 그러나 벗삼아호에 승선하기 직전 탐사대장님은 사진 찍을 때 카메라를 빌려주겠다는 의미로 내 말을 이해하셨다고 했다. 비록 서로가 소통하는 데 약간의 삐걱거림은 있었지만, 여행 중 카메라를 흔쾌히 빌려주신 탐사대장님 덕분에 이번 여행의 마침표를 잘 찍을 수 있었다.

우여곡절 끝에 완벽하진 않지만 모든 준비는 끝이 났다. 출항 전부터 내 머릿속에는 이미 해양 다큐멘터리를 완벽히 촬영해낼 것 같은 자신감으로 가득 차 있었다. 배 위에서 촬영하는 것이 얼마나 만만치 않고 고된 일인지 모른 채 난 짐을 챙겨 들고 벗삼아호에 올라탔다.

Chapter 3

인생이란 바다에서 우린 모두 선장이다

모험과 낭만의 3,300km, 52일간의 요트 항해기

일본
＼
2014. 11. 15~
12. 22

출항

2014년 11월 14일,
제주 출항!

승용차는 제주 집 지하 주차장에 주차시키고 우유와 신선한 빵을 사가지고 마리나에 도착하니 대원들은 이미 출항 준비를 끝내고 대기하고 있었다. 아침을 간단히 먹고 9시 정각에 배를 띄우니 만감이 교차한다. 기다린 보람이 있어 바다는 잔잔했다. 주돛을 올리고 성산일출봉으로 방향을 잡았다. 다행히 대원들은 모두 편안해 보인다.

우도 쪽 해협으로 돌아 들어오니 바람이 거의 없다. 4~5노트 정도의 속도로 기주엔진 항해하여 일출봉 앞에 배를 세웠다. 모두들 바다 쪽에서 보는 절경에 반하여 사진을 찍고 고함을 지르며 첫 항해의 기쁨을 만끽했다. 보기 좋았다. 12시 40분 조금 지나서 일본 고토 섬을 목표로 본격적인 항해에 들어갔다. 바람은 다행히 왼쪽 어깨에서 넘어와 뱃길은 편했다.

제주-고토 섬의 한일해협 종단 항해는 쉽지 않은 구간이다. 해협의 물살이 급하고 파도가 심해 대원 대부분이 이 구간에서 심한 멀미를 할 것

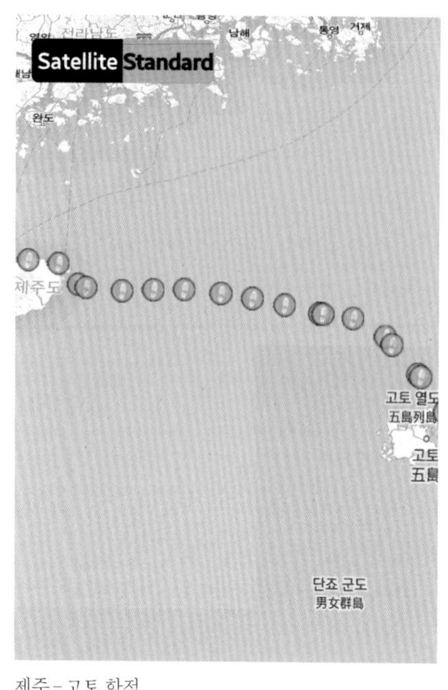

제주－고토 항적

이다. 선장인 나로서도 어떻게 도와줄 수가 없는 문제이다. 모두들 '키미테'를 붙이고 각자 챙겨온 멀미약을 먹으며 대비했다.

모두를 불러모아 근무조를 배치하고, 첫 항해 중이니만큼 가급적 긴장 없이 무사히 목적지에 도착할 수 있도록 멀미 해소하는 법, 야간 근무 시 주의 할 점 등을 쉽게 풀어 설명했다. 나와 표 항해사는 첫 항해인 만큼 둘 다 밤새 대원들을 돌봐야 할 것이다.

배 뒤에 설치해둔 트롤 낚시에 만새기들이 잡히기 시작했다. 다랑어라도 한 마리 잡아볼 생각이었는데 올라오는 것들이 죄다 만새기다.

배의 속도는 범주와 기주를 적당히 섞어 3~5노트 정도로 유지하도록 했다. 어차피 아침에 고토 섬에 도착해야 안전하게 섬과 섬 사이로 통과할 수 있고, 또 나가사키 데지마 마리나의 선석이 일요일 아침에야 우리 배에 제공되기 때문에 만 이틀의 시간이 있으니 서두를 이유가 없다. 근무자들은 브릿지에서 AIS와 GPS 플로터상의 레이더와 항로 그리고 직류 배터리의 전류량을 계속 확인해야 한다.

우도가 가물거리며 뒤편으로 사라지고 이내 날이 어두워졌다. 선실에 들어와 눈을 감고 조용히 돌아가는 발전기 소리와 침대 밑에서 들리는 모터의 회전 소리, 그리고 가끔씩 뱃바닥을 두드리는 파도 소리, 돛과 스테이가 찌걱거리는 소리를 들으며 두어 시간 가수면이라도 취해보려고 했지만 허사였다. 정신은 오히려 맑아지고 생생하게 되살아난 오감이 내 배의 구석구석까지 맞닿아 있는 듯했다. 눈을 감고 있어도 나 스스로가 요트가 되어 어두운 해협을 건너가는 느낌이었다.

자정 조금 지나 브릿지에 올라보니 밤하늘엔 별이 반짝이고, 파도는 1~2m 수준에 너울이 더해져서 파고는 2~3m 정도로 편했다. 촬영감독으로 탑승한 이종현 대원이 멀미를 심하게 한다. 나머지 인원들도 저녁식사도 제대로 못하고 안색들이 어둡다. 요트 여행이 처음인 대원들이라 비

꿈의 벗삼아호와 8명의 대원들. 이제 출발이다!

교적 편안한 바다임에도 어려움을 겪는 것이다. 그래도 젊은 친구들은 핸드폰으로 열심히 동영상도 찍고 첫 항해의 모습을 담느라 열심이다. 나이가 지긋한 황종현 대원도 열심히 근무를 서며 살롱에서 무전기로 지시하는 여러 사항들을 복창하며 열정적인 모습을 보인다. 젊은 친구들 같지 않게 묵묵히 잘 견디는 모습을 보니 무사히 항해를 끝낼 수 있을 거라는 생각이 들었다.

일본 고토 나루 섬 도착

새벽 시각. 동이 트고 코스를 우로 30도 정도 변침하여 나루 섬 방향으로 키를 잡았다. 오전 9시쯤 맑은 아침 햇살에 고토 열도 전경이 눈에 들어오자 대원들은 너 나 할 것 없이 환호성을 질렀다. 첫 야간 항해를 무사히 끝내고, 험로를 통과하여 육지를 마주 보자 기쁨에 얼굴들이 펴졌다. 벗삼아호의 유일한 여성인 심지예 대원은 처음이라 근무조에 넣지 않았는데 함께 근무를 서는 열성을 보였다. 특히 멀미도 하지 않고, 아침에 대원들을 위해 참치 샌드위치를 준비하는 등 기대 이상이었다.

항해 중 1단 축범줄이 터져 임시로 고정한 것 외에 모두들 첫 항해를 잘 끝내주었다. 11시쯤 수심 6~7m권에 앵커를 투하했다. 어차피 오늘 저녁 다시 항해하여 내일 아침에 나가사키에 도착 예정이라 편한 곳에서 쉬면서 심신을 재충전할 시간을 갖는 것이 좋다. 문제는 나가사키에 도착하기 전에 일본 영토 어디에도 앵커 투하는 불법 입국으로 간주되어 국제법 위반이라는 사실이다. 하지만 상황이 상황인 만큼 안전과 관련한 적당한 핑곗거리를 만들어야 했다. 우리에겐 축범줄이 끊어져서 고쳐야 한다는 분명하고도 실제적인 이유가 있었다.

아니나 다를까, 앵커 투하 후 1시간도 안 되어서 일본 해상보안청 순시선이 다가왔다. 순시선을 우리 요트에 접안시키려는 걸 강력히 제지한 뒤 고무보트로 오라는 신호를 보냈다. 그들은 배를 저만치 세우고 근무자들이 우리 배로 건너왔다. 우리는 끊어져 임시로 엮은 축범줄을 보여주고 마리나의 선석이 내일 아침에 나오니 이곳에서 식사를 하고 오후에 나가사키로 출항하겠다고 양해를 구했다. 그들이 모든 입항 서류를 면밀히 검토한 뒤 떠나자, 우리는 오리고기와 월남쌈으로 멋진 원정 첫 점심식사를 즐겼다.

불법 입국으로 간주되는 앵커를 투하하자 일본 해상보안청 순시선이 바로 출동했다.

나가사키에 무사히 입항하다

축범줄을 새로 붐대 안으로 밀어넣어 고정시키고 오후 늦게 벗삼아호는 붉은 노을 속을 큰 원을 그리며 카베 섬을 돌아 나가사키로의 항해를 시작했다. 서두를 이유가 없는 항해였다. 바람은 10노트 이하이고 파고도 거의 없었다. 가끔씩 발전기를 가동하여 배터리를 충전하며 천천히 기주하며 나아갔다.

나가사키 항 권역으로 들어서자 속도를 늦추며 앵커링할 장소를 찾다가 선셋 마리나 쪽 내만內灣이 좋을 듯해 그곳으로 향했다. 어둠 속에서 적당한 곳을 찾아 닻을 내리고 나니 새벽 3시가 조금 지났다. 부드럽게 움직이는 배 안에서 모처럼 서너 시간 모두들 달게 잤다.

나가사키 입항 직전의 모습

아침에 일어나 토스트와 신선한 달걀로 오믈렛을 만들어 먹고, 또 닻을 올려 내항 깊숙이 자리 잡은 데지마 마리나로 향했다. 대원들 전원이 브릿지와 데크에 서서 첫 기착지인 나가사키 시내를 둘러보며 사진을 찍었다. 팀의 막내이자 촬영 담당 이종현 대원은 준비해온 헬리캠을 조종하여 우리 요트가 데지마 마리나에 접안하는 장면을 항공 촬영했다.

마침 일요일 오전이라 시에서 주최하는 마라톤 대회가 한창이었다. 우리 배는 육지 쪽으로 붙어 유유히 마리나에 들어갔고, 정해진 선석을 할여받고 접안을 마치고 대기하던 검역, 세관, 출입국관리소 직원들과의 입국 서류 확인 작업을 끝냈다.

요트에서 바라본 나가사키 데지마 마리나

제1항차 항해를 마친 우리는 즐거운 마음으로 벗삼아호의 물청소를 실시했다. 모두들 싱글벙글이었다. 나도 그들 몰래 마음 졸였던 긴장을 풀고 데크에 앉아 맛있는 커피를 갈아 내려 천천히 음미했다. 이어서 준비해온 케이크와 와인으로 성공적인 항해를 축하하는 자축 파티를 열었다. 아, 이제는 따끈한 재래식 목욕탕에서 이틀 동안 쌓인 피로를 씻어내고 나가사키 짬뽕을 즐길 일만 남았군! 집사람과 전화 통화를 시도했다. "수고했어요" 하는 집사람의 떨리는 목소리에 잠깐 가슴이 메었다.

항해 후 첫 기착지인 나가사키 데지마 마리나 앞에서 기념사진 찰칵!

먹을거리, 볼거리 가득한 나가사키 투어

심지예 대원 |인절미|

짬뽕과 카스텔라와 오우라 성당을 찾아서

길 잃은 어린 양(?) 다섯 마리가 나가사키 터미널 앞에 옹기종기 모여 앉았다. 이미 나가사키를 다녀가신 선장님, 바람 삼촌, 항해가 님은 요트에서 쉬기로 하셨고, 우리 대원들끼리 관광에 나선 것이다. 그러나 '요트를 탄다'는 것에 너무 심취한 나머지 정작 기항지에 도착하고 나서 뭘 해야 할지 아무런 생각이 없었다. 나가사키 짬뽕 라면, 그나마도 짬뽕이 아니라 짬뽕 '라면'이 내가 아는 유일한 나가사키였다.

입국 수속과 배 청소를 끝내고 다 같이 리얼 나가사키 짬뽕을 먹고 나니, 이제 어딜 가야 할지 막연했다. 하지만 꿀 같은 반나절의 자유 시간을 헛되이 낭비할 수는 없지! 마리나에 있던 관광 안내 책자를 집어들고 대강 루트를 짜기 시작했다. 빵순이인 나는 일단 나가사키 카스텔라를 먹어야겠고, 천주교 신자인 둔마 삼촌은 오우라 성당을 가보고 싶어 하셨다.

슬슬 걸어서 서양인들이 걸어다녔다는 네덜란드 언덕을 올라 서양식 건물들과 정원을 구경하면서 오랜만에 여유를 만끽했다. 정갈한 거리와 친절한 사람들의 모습에 일본에 온 것이 실감이 나긴 했지만, 비행기에서 내려 게스트하우스나 호텔에 묵는 여행과는 다른, 약간은 생경한 느낌이다.

이곳 나가사키뿐 아니라 여행 내내 느낀 것 중 하나는, 일본에선 시식에 참 관대하다는 것. 카스텔라 거리를 돌아다니면서 먹은 시식 빵만 합쳐도 큰 것 하나는 나올 것 같다. 심지어 많이 먹으면 목이 막히니까(?) 차까지 같이 주는 곳도 있었다. 시식에 감동한 건 나뿐만이 아니었다. 첫 만남부터 짧은 군대머리에 엄청나게 큰 작살을 들고 나타나신 상남자 무술인 동오 오빠가 여행 내내 시식 코너만 보면 해맑은 웃음을 보이며 엄청나게 집어올 줄은 상상도 못했다.

일본 입국을 위한 서류 작성

나가사키 무사 도착을 자축하는
의미에서 짠!

입장료가 있는 오우라 성당에는 나와 둔마 삼촌만 들어갔다. 둔마 삼촌은 선발 대원 중 가장 연장자로, 60을 바라보는 나이에 안 가본 곳이 거의 없는 펜션 사장님이시다. 다 같이 걸어가다가 둔마 삼촌이 안 보이면 어디선가 사진을 찍고 계시는 거다. 둔마 삼촌은 독실한 천주교 신자로, 룸메이트 동오 오빠의 증언에 따르면 매일 아침 일어나서 묵주를 들고 기도를 하신다고 한다.

일본에 현존하는 가장 오래된 오우라 성당은 26명의 순교 성인들을 기리기 위한 곳이라고 하니, 둔마 삼촌으로서는 반드시 들러야 할 곳이었을 것이다. 나도 한때는 교회를 안 다니는 기독교인(?)이었고 지금은 무교지만, 여행을 다닐 때마다 다신교 인이 된다. 절, 성당, 교회, 모스크, 사당, 신사 등 가리지 않고 눈에 띄는 곳이 있으면 들어가서 각각의 신에게 무사히 사지가 붙어 있는 상태로 집에 돌아가게 해달라고 기도한다. 이번에는 기도가 늘었다. 물고기나 상어한테 물리지 않게 해달라는 것과, 대원들의 건강과 행복, 그들의 가족들을 위해서도 기도했다.

사실 나가사키 3대 카스텔라 집이 있다는 것을 귀국해서야 알았고, 나가사키의 'must visit no. 1'이라는 글로버 정원에는 시간이 늦어 들어가지도 못한 아쉬움이 있긴 하지만, 대원들과 함께 우스꽝스런 단체 사진을 찍으며 어린아이처럼 즐거워했던 시간들, 그저 그걸로 충분했다.

제주도에서 대원들을 처음 만나 통성명을 하자마자 항해 준비에 정신이 없었는데, 이젠 긴장이 풀려서인지 별것 아닌 일에도 빵빵 웃음이 터

나가사키의 야경

져나왔다. 20대 막내 꼬맹이부터 50대 삼촌까지 세대도 다르고 여행 스타일도 달랐지만 묘하게 팀워크가 딱딱 맞았다. 고작 반나절 우리끼리 함께 했을 뿐인데 한 발짝씩 더 친해진 것 같은 기분이 들었다.

나가사키의 야경, 무르익는 우리들의 우정

다음날부터 본격적인 나가사키 투어가 시작되었다. 완행열차인 줄 모르고 허겁지겁 올라탄 탓에 하우스텐보스까지 원래 1시간 40분이면 갈 수 있는 거리를 두 시간 반이나 열차에 갇혀 있었지만, 오니기리주먹밥와 어묵을 까먹으며 수다를 떨다가 서로 발 마사지도 해주는 등 원 없이 즐거운 기차 여행을 했다. 늦은 입장으로 입장료 할인도 받고, 곳곳마다

이나사야마 전망대에서

20대 막내 꼬맹이부터 50대 삼촌까지,

세대도 다르고 여행 스타일도 달랐지만

묘하게 팀워크가 딱딱 맞았다.

고작 반나절 우리끼리 함께 했을 뿐인데

한 발짝씩 더 친해진 것 같은 기분이 들었다.

나가사키 영상

테마가 있는 야경에 매료되어 완행 기차의 억울함도 사라졌다.

네덜란드를 테마로 했다는 것이 우리나라 테마파크와 조금은 다른 점이랄까. 로맨틱의 대명사인 대관람차는 모름지기 훈남과 함께 타야 하건만, 아쉽게도 40대 아저씨 둘과 야경이 한눈에 내려다보이는 대관람차를 타기도 했다 다음에 나가사키에 다시 오게 된다면 훈남이랑 대관람차도 타고 하트돌 찾기도 해볼 테다.

정말 부끄럽지만, 히로시마 말고도 원폭이 한 군데 더 떨어졌다고 알고는 있었지만 그게 바로 여기 나가사키인 줄은 이번 여행을 준비하면서 알게 되었다. 공원 안에는 세계 여러 나라에서 보내온 평화를 상징하는 여러 조형물과 동상들이 있었는데, 그중 전시관을 향해 가는 계단 근처에 있던 부조 앞에서 한참을 서 있었다. 아비규환. 공포와 절규가 뒤범벅된 사람들의 얼굴이 참혹했던 당시를 상상하게 해서 오싹한 기분이 들었다.

평일 오전에 찾은 평화공원에는 견학 온 아이들과 평화를 상징하는 종이학 다발이 눈에 띄었다. 한국인 희생자 추모비는 찾기 힘든 구석진 곳에 있었다. 과연 일본 아이들이 이곳을 견학하면서 어떤 설명을 들었을지 궁금해진다.

나가사키의 마지막 밤에는 이나사야마 전망대에 올랐다. 일본 3대 야경이라는 나가사키 야경을 볼 수 있는 곳이다. 춥긴 했지만 다행히 날씨가 좋아 석양이 질 무렵부터 시내의 불이 다 켜질 때까지 머물러 있었다. 바다와 섬, 일몰과 항구의 야경을 한꺼번에 볼 수 있어 과연 3대 야경이라 이름 붙여질 만했다. 세계 3대 야경이라는 설도 있는데, 아무리 생각해도 그건 일본인이 만들어낸 말인 것 같다.

촬영감독으로 참여하게 된 막내는 타임슬랩을 찍어야 한다며 세 시간 넘게 삼각대 옆에 붙어 서서 언 손을 녹이고 있었다. 막내인데다가 촬영을 하느라 식사도 늦게 할 때가 많아 누나인 내가 소소히 챙겨주면서 친해지게 되었다. 게다가 우리 팀의 거의 모든 사진을 찍는 사람이니 조금이라도 예쁘게 나오려면 평소에 잘 보여놔야 한다. 세 시간 걸려 찍은 사진이 단 5초의 짧은 영상으로 나오니 조금 허무하긴 했지만 확실히 고생한 보람이 있는 결과물이다.

야경을 바라보며 이번 여행에 대해, 그리고 여행이 끝난 후 나의 삶에 대해 여러 가지 상념에 잠겼다. 이제 2항차가 시작되는데, 나는 과연 끝까지 함께 할 수 있을지. 이번 여행에서 내가 무엇을 얻어가야 하는 건지. 그냥 즐기면 되는 건지. 내년엔 다시 병원으로 돌아가게 될 텐데 과연 잘할 수 있을지. 머릿속엔 온갖 잡생각들이 떠돌고 있는데 나가사키의 밤 풍경은 그저 고요하기만 했다.

나를 부끄럽게 한 하시마 섬

나가사키를 떠나기 전, 빠뜨릴 수 없는 곳이 하나 더 있다. 바로 하시마 섬이다. 한국의 반대에도 불구하고 세계문화유산에 등재되었고, 예능 프로그램으로 더 유명해진, 군함도라는 예명으로도 불리는 하시마 섬. 우리가 여행했을 당시에는 세계문화유산 등재를 하기 전이기도 했고, 대부분의 직장인들처럼 하루하루 살기 바빴던 나는 하시마 섬에 대해 아무것도 모르고 있었다. 지금은 폐허가 된 폐광이고, 한국인이 강제 징용당한 곳이라는, 그마저도 나가사키를 떠나기 직전 인터넷에서 찾은 짤막한 설명이 내가 아는

한 많은 징용의 섬 하시마. 군함도라는 예명으로 더 유명하다.

전부였다.

하시마 섬을 방문하려면 나가사키 항에서 따로 표를 끊어야 하지만, 그 앞을 지나가는 우리는 상륙하지 않고 헬리캠으로 내부를 살펴보기로 했다. 당시만 해도 드론이 유행하기 전이어서 우리 모두는 드론을 처음 구경해본 것이었다. 부끄럽게도 나는, 강제 징용된 어르신들 생각보다는 드론이 보여주는 영상에 감탄하고, 그저 다시 제2항차를 떠난다는 것에 신이 나 있었다. 내부는 폐허가 된 콘크리트 건물들로 가득했다. 그곳에서 좀비 영화를 찍으면 딱 잘 어울릴 것 같다는 생각을 했다. 그렇게 우리는 그냥 하시마 섬을 지나쳐 가고시마를 향해 천천히 나아갈 뿐이었다.

그렇게 나가사키는 우리 여행의 첫 기항지로 재미있었던 여러 추억들이 버무려져 기억 속에 남아 있었다. 그러던 중 한국에 돌아와 새로운 병원에서 정신없을 무렵, 한 예능 프로그램을 보고 충격에 휩싸였다. 나는 정말 아무것도 모르고 그곳을 다녀온 것이었다. 탈출하려다 익사하고, 고향 가고 싶다, 배고프다고 쓰여 있던 낙서들. 더 화가 나는 것은 희생된 한국인들의 기록을 폐기해버렸다는 사실.

과연 한국인들이 그곳에 끌려가 짐승보다 못한 취급을 받으며 착취당하고, 좁은 굴에 들어가기 쉽다는 이유로 열여섯의 어린 소년들을 끌고 갔다는 것을 당시 알고 있었더라도 그곳이 과연 세트장으로 보였을까? 그곳을 지나면서 그저 신기한 곳이라며 감탄만 했던 내가 너무도 부끄러웠다. 차라리 안 갔었다면 이런 기분은 아니었을 터. 나는 대단한 애국자도 아니고, 오히려 영화나 미디어에서 보여지는 강요된 애국심에 불쾌해하는 사람 중 하나지만, 그때의 나만큼은 부끄럽고 또 부끄러웠다. 물론 우리가 역사 기행을 온 것도 아니고, 여행은 내가 즐겁고 행복하기 위해 하는 것이라고 생각한다. 그러나 역사나 애국 같은 거창한 이유는 차치하고서라도, 아무 생각 없이 그냥 왔다가 그냥 돌아가는 여행이 아니라 좀 더 의미 있고 알찬 여행을 하고 싶었다.

이렇게 나 자신이 부끄러운 것을 보니 그렇게 막돼먹은 한국인은 아닌가보다, 한편으론 안심도 된다. 누구나 다 아는 말이겠지만 아는 만큼 보인다고, 알려고 노력하는 만큼 더 많이 느끼고 더 많이 얻을 수 있다는 것을 다시 한 번 느꼈다. 입항할 때부터 보였던 미쓰비시 중공업부터, 평화공원 바깥의 작은 한국인 원폭 희생자 위령비, 떠나면서 보았던 군함도까지, 곱씹을수록 나가사키는 찝찝하고 부끄러운 도시가 되었다.

가미코시키 섬의 어부

아침식사에 싱싱한 회가 오르다

나가사키에서 며칠을 보낸 후 11월 19일 출항하여 11월 20일 새벽 1시경 가미코시키의 한 어촌 마을에 도착했다. 사실 밤늦도록 야간 항해를 할 생각은 없었다. 저녁 무렵 도착할 만한 어항을 골라 편히 자고 다음날 day sailing으로 다니는 것을 기본으로 나가사키에서 가고시마까지의 항로에서 웬만한 항구는 모조리 불개항 입항 허가서에 넣었다.

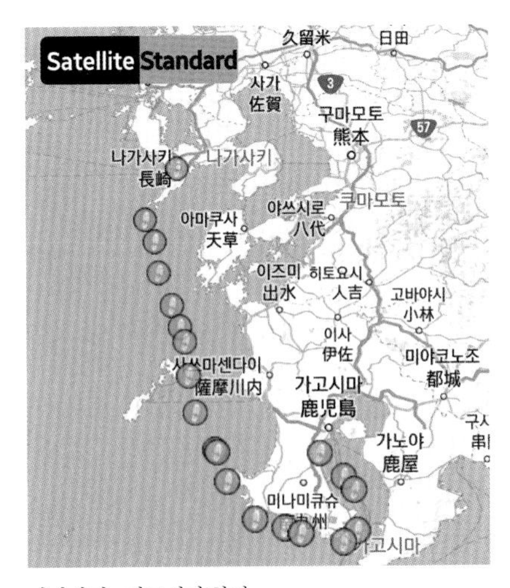

나가사키 - 가고시마 항적

일본 정부의 승인을 받아왔기 때문에 적당한 곳으로 들어가 쉴 수 있었지만, 군함도를 경유하고 중간에 낚시를 하다가 시간을 지체하는 바람에 캄캄한 밤중에 한 번도 가보지 않은 항구에 들어가야 하는 상황이 되었다. 이때 항로상 직선 방향에 있는 가미코시키섬이 가기에 편해 보여 그쪽으로 목적지를 수정했다. 바다가 편안하여 근무조 이외에는 큰 불편 없이 선실에서 쉴 수 있는 상황이어서 서두를 일이 없었다.

텅 빈 어항에 도착해 폰툰 시설을 찾았으나 어항이라 그런 시설이 있을 리 없다. 몇 대의 고깃배들만 새벽 항구를 밝힌 가로등 불빛에 뱃머리를 가지런히 하고 정박되어 있을 뿐 정말 한가로운 곳이었다. 일단 포트 쪽을 육지에 접안시키고 모두들 잠자리에 들었다.

아침 6시경 홀로 일어나 외부 화장실을 들렀다가 보니, 막 도착한 고깃배 한 척에서 일본 어부 한 사람이 작업을 하고 있는 것이 눈에 들어왔다. 가까이 다가가서 인사를 건넸다. 그저 내 또래나 되었을까? 그는 일본어로, 나는 영어로 서로 손짓과 얼굴 표정을 섞어 의사소통을 해나갔다. 우리 배는 한국 제주에서 출항했으며, 나가사키에 들렀다가 지금 가고시마로 가는 길이라고, 그리고 오늘 새벽에 도착했다고, 근처에 온천사우나가 있는지 등등, 하고자 하는 말들은 다 통했다.

한참 작업하는 걸 보고 있으니 그가 물간에서 큼직한 참돔 한 마리를 꺼내 비닐봉지에 담아 건네주며 회를 떠서 먹으란다. 고맙다고 인사하고 배로 돌아오니 그제야 대원들이 잠자리에서 일어나 살롱으로 나온다. 표항해사에게 펄펄 뛰는 참돔을 내주며 아침식사에 회를 먹게 생겼다고 했더니 동생 허 탐사대장이 한 마리 갖고 누구 코에 붙이냐며 웃었다.

외딴 작은 섬에도 전기차 대여소가 있다.

현지 주민의 친절한 섬 안내

선물용으로 준비한 바람막이 웃옷을 한 벌 챙겨 어선으로 가서 어부에게 선물이라며 건네주었다. 어부가 잠시 우리 배 쪽을 건너다보더니 사람이 여럿 있는 것을 보고는 곧 물간을 열어 펄떡이는 팔뚝만 한 고등어 세 마리를 뜰채로 꺼냈다. 그러더니 능숙한 솜씨로 고등어 목뼈를 툭툭 꺾어 다시 비닐봉지에 넣어 내게 건네주었다. 외진 섬에서 처음 만난 이름 모를 어부에게 감사하는 마음에 그의 친절을 이야깃거리 삼아 우리는 고등어 요리와 싱싱한 참돔 회를 곁들여 멋진 아침식사를 즐겼다.

자전거와 전기차로 아기자기한 섬 투어

아침을 먹은 뒤 느긋하게 섬 일주를 계획했다. 젊은 대원들 몇몇이 근처 시설물을 둘러보고 오더니 젊은 친구들은 자전거, 나이 든 사람은 전기차로 섬 투어를 하잖다. 나는 둔마 씨와 1인용 전기차를 빌려 타기로 했다. 모두들 선착장 근처에 있는 임대 영업점으로 가서 자기에게 맞는 교통수단을 임대해 투어에 나섰다.

북쪽 해변을 따라 포장도로를 달리니 상쾌하기 그지없다. 바닷가 쪽으로 서너 개의 석호들이 길게 늘어서 있는 멋진 곳이었다. 섬 주민들이 불과 수천 명 수준이어서 그런지 자연환경이 잘 보존된 섬이었다. 북쪽 끝 한적한 곳에 차를 세우고 우리는 바닷가로 난 산책로를 따라 석호와 이어진 둔덕에 섰다. 11월 말인데 봄날처럼 따뜻한 기후여서 그런지 여기저기 지천으로 방풍나물이 자라고 있었다. 한 잎 뜯어 씹어보니 특유의 향이 상큼하게 번진다.

오후 2시까지 섬 구석구석을 돌다가 남동쪽 사쓰마센다이시의 어촌 방문

가미코시키 섬의 석호

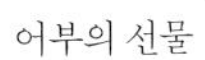

어부의 선물

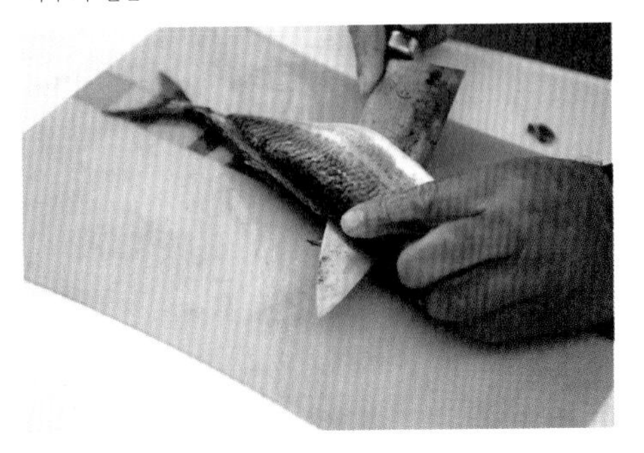

Travellers5
Jeju Island – East China Sea
5불당 세계일주

젊은 친구들은 자전거를 빌려 타고 섬 일주를 했다.

을 끝으로 섬 일주를 끝냈다. 우리가 전기차를 반납하고 배로 돌아오자마자 자전거를 타고 투어를 떠났던 6명이 돌아왔다. 그들은 동네 어귀에서 감을 한 바구니 따가지고 왔다. 모두들 재미있었다며 상기된 표정이다.

늦은 간식으로 부리또와 피자를 먹고 있자니 동네 어르신들이 궁금했는지 우리 배 주위를 기웃거린다. 들어오시라고 하여 배를 구경시켜드리고 커피를 대접하니 모두들 고마워한다. 잠시 후 아주머니가 싱싱한 쌈채를 한 바구니 뜯어가지고 그곳 특산 고구마와 함께 가져다주었다. 쌈채를 본 김에 근처 식품가게에서 삼겹살을 구입하여 저녁은 삼겹살 구이로 푸짐한 만찬을 즐겼다.

저녁을 먹은 뒤 모두들 근처 사우나로 향했다. 뜨거운 탕 안에 몸을 담그니 이보다 더한 호사가 어디 있으랴 싶었다. 이런 것이 요트 여행의 참맛! 이름도 어려운 남의 나라의, 자국민도 찾기 어려운 섬 여행은 이렇게 아기자기했다.

기관 고장

모터 이상으로 여행 중단의 위기를 맞다

규슈의 서쪽 해안선을 따라 가고시마로 항해하다 보면 아주 특별한 산이 가고시마 해협 입구에 자리 잡고 있다. 지도에 해발 922m로 표기되어 있는 카이몬 산은 잘생긴 원뿔 모양의 화산이다. 아주 멀리서도 이 산은 또렷이 구별된다.

카사사 호텔Kasasacho Kataura에서 아침 일찍 뜨거운 온천물에 몸을 풀고 나와 남쪽으로 항해를 시작했다.

오후 1시 멀리 카이몬이 보일 무렵, 브릿지에 올라가 있던 표 항해사가 오른쪽 모터의 출력이 갑자기 절반으로 떨어져 올라가지 않는다고 보고해왔다. 가슴이 철렁했다. 이제 출항하여 일주일밖에 지나지 않았는데 기관 고장이라니. 직감적으로 오른쪽 모터의 반쪽 전원이 나갔음을 알았다. 항해 중 바다 위에서 우리가 할 것은 아무것도 없었다. 그저 최대한 빨리 항구에 들어가서 알아보는 것이 상책이다.

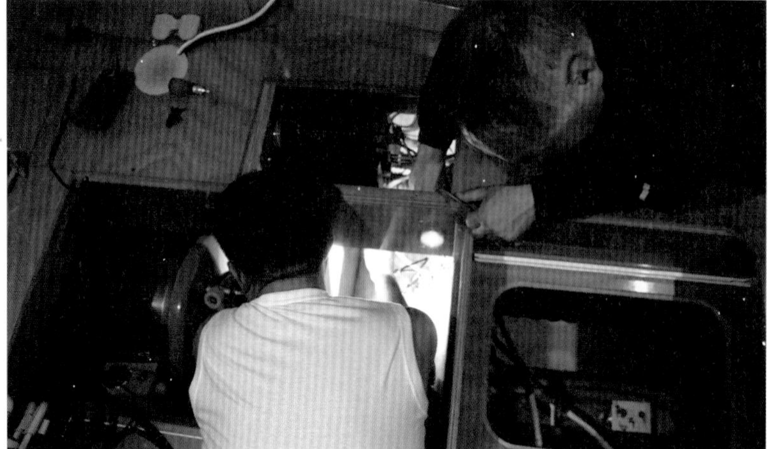

모터 이상으로 초비상!

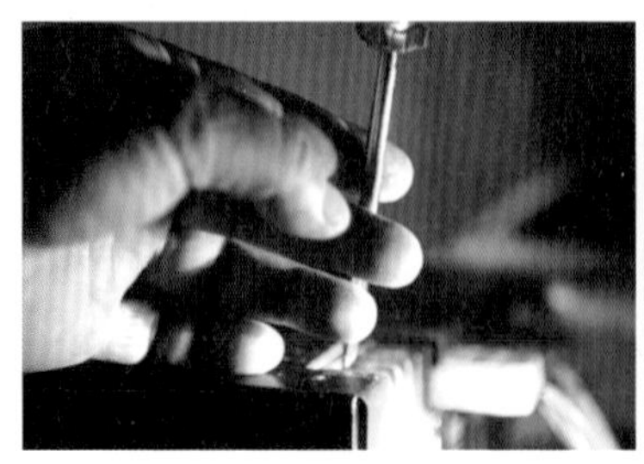

모터 수리 장면

걱정스러운 얼굴로 선장님의 설명을 듣는 대원들

일단 침실 밑 서랍장을 열고 모터의 작동 상태를 볼 수 있는 조그만 개폐구를 열어보니 뜨거운 열기가 훅 뿜어져나온다. 우리 배의 주 동력 장치는 여느 배와 다르게 발전기-배터리-전기 모터로 구성되어 있다. 양쪽 침실 밑에 각각 위치한 9kw 직류 모터는 4.5kw짜리 두 개를 붙여놓은 특수 모터이다. 만일 4.5kw 한 개가 고장이 나더라도 나머지 4.5kw 모터 한 개로 저출력이지만 충분히 항해가 가능하도록 설계되어 있다. 지금 상황도 반쪽이 문제를 일으켜 최고 출력인 60amp에 훨씬 못 미치는 15~20amp까지만 사용할 수 있다.

무거운 마음을 안고 가고시마 만 입구에 위치한 이부시키 골프장 근처 어항에 정박하여 하룻밤 자고 가기로 했다. 카이몬 산 바로 남쪽에 위치한 곳이다. 저녁밥을 먹고 모터의 상태를 점검해볼까도 생각했지만, 혹시 대원들이 놀랄 수도 있어 일단 내일 목적지인 가고시마 마리나에 입항 후 며칠 쉬면서 손을 보는 것으로 결론을 냈다.

혹시 잘못하여 모터의 출력이 복구되지 않으면 이번 항해를 포기할 수밖에 없다. 배의 출력이 3/4인 상태에서 7명의 크루 멤버들과 한겨울 격랑의 일본 열도를 횡단하여 수천 마일의 장거리 여행을 한다는 것은 위험천만한 일이다. 난바다에서 양쪽 동력 중 일부가 언밸런스가 나면 좋을 것이 없다.

위기의 벗삼아호, 드디어 동력 100% 회복!

다음날 아침 일어나보니 날씨는 좋았다. 바람에 전적으로 의존하는 돛배는 6~8노트의 바람에서는 운항이 어렵다. 결국 조심스럽게 발전기를 가동하고 모터를 한쪽은 40amp, 고장 난 쪽은 15amp를 유지한 채 가고시마 마리나로 항해를 시작했다. 다행히 6~6.5노트의 속도는 유지되었다.

대원들은 모처럼 항로 좌우의 자그마한 도시들과 간헐천으로 둘러싸인 가고시마 해협의 경치를 즐겼지만 나는 걱정 때문에 마음이 천근만근이었다. 이 배의 시스템에 비교적 정통한 사람은 국내에서 이원부 박사뿐이다. 물론 나도 시스템 구조를 대강 알고는 있지만, 모터와 연결된 컨트롤러를 정밀하게 튜닝하는 절차와 방법에 대해서는 이제 걸음마를 뗀 어린아이 수준이었다.

항해 중 이원부 씨와 통화하여 지난해 내 부탁으로 마린크래프트 사에서 작성한 튜닝 방법을 적은 매뉴얼을 다시 메일로 보내달라고 요청해놓았다. 정확한 건 내부를 열어봐야 알겠지만, 만일 모터를 교체해야 한다면 운항 계획에 중대한 차질이 올 수밖에 없었다. 내 배의 예비 모터는 부산 마린크래프트 사가 보관하고 있는데, 빠른 항공편으로 가고시마 마리나로 보내고, 이걸 다시 통관하여 찾아 교체하려면 못 잡아도 일주일은 걸릴 것이고, 자칫 잘못되면 2주가 걸릴 수도 있다.

가고시마 마리나는 좁은 수로의 양편에 빈틈을 찾을 수 없을 정도로 바투 붙여서 배를 정박하는데, 우리 배는 마리나 친구들의 배려로 가장 진입이 편리한 마리나 사무실 앞에 정박할 수 있었다. 바로 옆 미국 국적의 요트 부부가 반갑게 환영하며 우리 배의 정박을 도와주었다.

저녁식사 후 젊은 대원들은 가고시마 중앙역으로 체류에 대비한 관광 코스 탐색을 나가고, 나와 표 항해사 그리고 대학에서 전기를 전공한 둔마 씨가 우리를 도와 모터 점검에 들어갔다. 침대를 들어내고 모터와 컨트롤러를 점검하니 한 개의 컨트롤러 접점 부위 케이블이 녹아 있었다. 과열로 인해 컨트롤러가 타버린 것이다. 컨트롤러 자체적으로는 케이블을 태울 정도의 열이 발생하지 않는다. 결국은 모터의 과열이 원인일 것이다. 이원부 씨에게 전화로 현 상태에 대해 설명했다. 잠시 후 점검할 목록을 카톡으로 받고, 메일을 열어 정비와 관련된 매뉴얼을 다운받은 후 테스트를 시작했다.

요트 계류장으로 사용 중인 가고시마 마리나의 수로

컨트롤러는 우리 배에 예비품이 하나 있다. 만일 모터가 타버렸으면 문제는 심각해진다. 모터가 사실상 4.5kw×2이므로 A모터, B모터로 구분 짓고, 컨트롤러도 A컨, B컨으로 구분했다. 우선 A모터와 연결된 A컨은 문제가 없었으므로 B모터와 연결된 타버린 B컨을 제거한 상태에서 모터를 가동했다. 전·후진 모두 작동되는 것으로 보아 A모터와 A컨은 문제가 없음이 밝혀졌다.

이번에는 B모터와 예비 컨트롤러를 연결했다. 전원을 넣고 돌렸더니 동작하지 않는다. 역시 한쪽 모터가 타버렸나? 크게 실망하고 있는데 표 항해사가 B모터와 A컨을 한번 연결해보잖다. 왜냐하면 예비 컨트롤러도

드론으로 촬영한 가고시마 마리나 풍경

고장일 수 있기 때문이다. 우리는 다시 B모터를 A컨에 연결 후 스위치를 넣고 트로틀엔진에 연료 공급을 조절하는 컨트롤을 밀었다. 작동이 된다. 모터가 타지 않은 것이다. 결국 컨트롤러가 문제로 밝혀졌으니 해결 방법이 한결 용이해졌다. 역시 예비 컨트롤러를 A모터에 연결해 테스트하니 가동이 안 된다.

일단 컨트롤러 문제라면 60kg이 넘는 모터를 부산에서 가져오는 것보다 훨씬 문제 해결이 쉽다. 컨트롤러는 불과 1kg 남짓, 빠른 항공으로 보내면 3~5일이면 도착하리라. 이원부 씨에게 결과를 얘기했다. 그는 혹시 기존 캘리브레이션영점 조정이 풀려 있을 수 있으니 예비 컨트롤러를 매뉴얼대로 모터에 연결하고 캘리브레이션을 해보란다.

잠시 휴식을 취한 뒤 B모터에 예비 컨트롤러를 연결하고 네 가지 캘리브레이션 항목 중 첫 번째 튜닝 항목부터 조심스럽게 조정을 시작했다. loop gain, current limit, ref in gain 등을 시계 반대 방향으로 완전히 돌린 후 천천히 시계 방향으로 튜닝해가던 중 어느 순간 모터가 돌기 시작했다. 야호! 모두들 기쁨의 환호성을 질렀다. 다행히 모터에는 문제가 없었구나!

한 시간여의 튜닝을 마친 후 A모터와 B모터의 캘리브레이션이 시작되었다. 두 개의 모터가 트러블을 일으키지 않고 항상 같은 회전수를 유지해야 한다. 밤이 늦어서야 모든 작업이 마무리되었다. 동력이 100% 회복된 벗삼아호는 며칠 후 다시 난바다를 날아갈 듯 항해할 수 있게 되었다.

한적한 가고시마의 뒷골목 풍경

일행들과 처음으로 떨어져

홀로 낯선 일본 땅을 걸으니

자유와 긴장이 동시에 밀려왔다.

가고시마의 검마

김동오 대원 |검마|

요트에서만 있다가 일행들과 함께 나와 가고시마를 둘러보기로 했다. 6시간 코스인 관광버스 투어를 하기로 결정하고 전철을 타고 중앙역에서 내려 관광버스에 올라탔다. 시내 곳곳을 둘러본 뒤 시로야마 전망대에 올라 주변 경치를 구경했다. 멀리 곧 우리가 가볼 사쿠라지마 화산섬이 연기를 내뿜고 있는 것이 한눈에 보였다.

시로야마 전망대에서 바라본 사쿠라지마 화산섬

사쿠라지마 관광 중 찰칵!

이소테이엔(센간엔) 정원에서

우리는 항구에서 페리로 15분 정도 달려 사쿠라지마 섬에 상륙했다. 살아 있는 화산섬 사쿠라지마는 1년에 1,000번도 넘게 화산이 터진다고 한다. 우리가 갔을 때도 노란 유황 연기가 끊이지 않고 분출되고 있었다. 화산재와 독한 화산 연기를 내뿜는 이 척박한 환경에서 60만 명의 인구가 살고 있다니 그저 놀라운 뿐이다. 버스가 중간 중간 멈춰서 풍경을 감상하게 했다. 곳곳에 용암이 굳어 생긴 바위와 화산재가 많았다. 화성에 간다면 아마도 이런 풍경이 펼쳐지지 않을까?

사쿠라지마 섬을 빠져나와 가고시마의 명소인 일본 전통 정원 이소테이엔센간엔에 들렀다. 1660년 시마즈島津 영주가 만든 이소테이엔은 시마즈 가문의 별장이었지만, 지금은 이 가문의 근대화 사업을 기리는 유물들이 즐비했다. 아름다운 정원과 분재, 꽃들을 구경하고 〈검도 지겐류〉라는 동영상까지 관람했다. 관람 후에는 바닥에 세워진 타격대로 시연해보는 시간도 가졌다. 그 나라의 문화를 이해하려면 당시 시대 상황을 이해하는 것이 필요하다. 〈검도 지겐류〉를 보면서 일본 검술의 한 유파인 지겐류가 집단 전투에서 효과적인 실전 검투술이지 않을까 하는 생각이 들었다.

점심을 먹은 뒤 메이지유신의 배경과 주요 인물들의 행적을 전시해놓은 이신 후루사토관維新ふるさと館에 들러 사이고 다카모리에 관련된 자료들을 둘러보았다. 〈검도 지겐류〉와 일본 최후의 내전 세이난 전쟁의 주역 사이고 다카모리를 보니 더욱더 일본 검도가 궁금해졌다. 그래서 동생들의 도움과 인터넷 검색으로 근처 검도장을 찾아 길을 나섰다.

일행들과 처음으로 떨어져 홀로 낯선 일본 땅을 걸으니 자유와 긴장이 동시에 밀려왔다. 전철역까지 걸어가서 검도장과 가까운 중앙역에서 내리니 많은 사람들이 북적인다. 오가는 사람은 많지만 말도 통하지 않고, 요트에서처럼 서로 의지하고 도움을 받을 수 없다고 생각하니 긴장감은 더욱 커졌다.

말이 통하지 않으니 가장 확실한 수단인 택시를 이용할 수밖에 없었다. 친절하기로 유명한 일본 택시 기사의 배려로 체육관같이 생긴 3층 건물 앞에 내렸다. 그런데 분위기가 이상했다. 검도장 현판이 보이지 않았다. 입구에 들어서니 1층은 유도장, 2층은 다목적 강당, 3층이 검도장이다. 그것도 검도장 전용이 아니었다.

3층으로 올라가보니 사람들이 일본 고유의 무술을 연습하고 있었다. 그러니까 이곳은 검도 전용관이 아니라 다목적 체육관이라는 얘기다. 검도하는 사람 하나 찾아볼 수 없는 분위기에 실망한 나머지 그냥 돌아나올 수밖에 없었다. 그런데 나오는 입구에서 검도 호구를 가지고 입장하는 사람들을 만났다. 개인 연습일까? 다시 그들을 따라 올라갔더니 6명의 사람들이 모여 도복을 갈아입고 호구를 착용했다.

처음 생각은 검도 전용 도장에서 공용으로 비치된 죽도와 검도 호구를 빌려 입고 시합을 해보려는 목적이었다. 하지만 개인 소지 장비밖에 없으니 그들의 시합을 구경하는 것 외는 할 일이 없었다.

아쉬웠던 구경을 마치고 갔던 길을 되돌아 요트로 돌아왔다.

가고시마 영상

죽도와
유황도 이야기

황종현 대원 |둔마|

가고시마 현의 아름다운 섬 죽도 다케시마

가고시마 섬을 떠난 후 요트 멀미가 완전히 없어지지는 않았지만 그래도 처음보다는 요트 생활이 많이 적응되어 견딜 만했다. 선장님과 요트 경험이 있는 대원들은 우리가 지금 항해하고 있는 바다보다 한일 해협 통과가 훨씬 수월했다고 하지만, 난 그래도 그때가 훨씬 힘들었다. 요트가 아무리 호화롭다 해도 일반 가정집보다는 모든 공간이 협소했다.

항해에서 대원들 상호간에 대한 예의와 배려 그리고 당번 교대 등은 질서 있게 잘 이루어졌다. 하지만 야간의 당번 크루와 파도 그리고 몰려드는 졸음을 참고 이상 징후를 경계하는 일은 정말로 집중에 집중을 해야 했다. 검정 캔버스같이 온통 새카만 밤하늘, 아무것도 보이지 않는 망망대해는 고독과 공포 그 자체이다. 간혹 육안으로 보이는 불빛을 발견하면 우린 2인 1조로 당번 서는 동료와 함께 레이더를 주시하며 어느 나라, 무슨 선박인지, 어느 방향으로 얼마의 속도로 이동하는지 등을 확인한다.

그 선박의 이름은 레이더에 잡힌다. 다만 그 선박이 우리 요트와 어떤 상태로 조우를 하게 될지, 우리 배의 앞을 통과하는지 좌나 우로 지나가는지를 확인한다. 또 그 선박이 어선인지 상선인지, 정박 중인지 조업 중인지까지 세세하게 확인한다. 정확한 정보가 확인되지 않으면 비바람 몰아치는 배의 앞머리에 나가서 쌍안경으로 직접 확인해야 한다.

내가 죽도竹島, 다케시마와 유황도에 대한 글을 쓰는 이유가 있다. 독도는 우리 땅인데 일본 사람들은 다케시마라 부르며 자기 땅이라고 억지 주장을 한다. 그런데 이번 투어를 하면서 보니 죽도라는 또 다른 섬이 있지 않은가. 혹시 이 섬을 우리 섬 독도로 착각하고 억지를 쓰는 건 아닐까? 이런 생각이 들었다.

일본 섬 죽도에 내려 섬을 구경했다. 죽도는 대나무가 무성하게 자라서 붙여진 이름인 듯했다. 작고 외딴 어촌인 죽도는 섬 전체가 대나무로 둘러싸여 있었다. 아름다운 경관에다 사람들은 순박하고 친절했다. 우리 일행이 베푼 작은 친절에 그곳 아낙네는 배추와 고추와 양념으로 화답했다. 죽도에는 심지어 버스도 없었다. 개인이 소지하고 있는 소형차와 작은 화물차 몇 대가 이동 수단의 전부였다.

한 부부가 통통배를 몰고 나가 잡아온 물고기를 구경했다. 작은 생선 네 마리가 전부였다. 부부의 대화를 엿들으니일본말은 못하지만 표정과 몸짓 등을 봐서 한 마리는 집으로 가져가 저녁 반찬으로 하고, 세 마리는 식당에 팔 요량인 듯했다. 웃음 띤 얼굴로 생선을 손질하는 아내의 모습에서, 깊은 바다 속까지 잠수해서 생선을 잡아오는 남편에 대한 신뢰와 사랑이 엿보였다.

섬 전체가 대나무로 둘러싸인 죽도의 모습. 저 뒤로 보이는 섬이 불의 섬 유황도이다.

현지 청년의 안내로 화물차 뒤칸에 올라 죽도를 한 바퀴 돌았다.

그들은 젊은 40대 부부였다. 일본이나 한국이나 젊은 사람들은 하나같이 도시로 나가기를 원한다. 그런데도 한적하고 조그만 어촌 죽도에서 조그만 통통배로 하루 몇 마리의 생선만을 잡으면서도 소소한 일상에 만족하고 나름의 행복을 가꾸며 살아가고 있는 이들 부부의 모습이 많은 생각을 들게 했다.

다음날 한 젊은 청년의 호의로 우리 일행은 화물차 뒤칸에 올라타 죽도 일주를 했다. 섬을 일주하는 도로를 따라 한 바퀴 돌아보니 정말 아름답고 조용한 섬이었다. 소를 키우는 축산 목장도 있었는데, 이 섬의 흑우화우라는 일본 소는 육질이 우수하여 비싼 가격에 팔린다고 한다. 섬 주민들은 사탕수수를 재배하여 원당을 만들고, 소를 비육시키고, 작은 어선으로 물고기를 잡아 생활한다. 최소한의 투자로 최대한의 자연친화적인 생산 활동을 하며 생활하고 있었다.

마지막 날, 죽도를 뒤로한 채 유황도를 향해 배를 돌렸다. 바다 한가운

데서 돌아본 죽도는 너무도 아름답고 평화로웠다. 섬과 사람 모두 더없이 순박하고 꾸밈이 없었다. 이번 여행을 하면서 한 가지 느낀 게 있다. 내가 평소에 느꼈던 일본 사람과 실제로 가까이서 겪어본 일본 사람은 많이 달랐다. 작은 섬 죽도에서 만나본 일본 사람은 착하고 친절했다. 이별이 아쉬울 정도로. 짧게나마 우리와 함께 했던 그들은 우리가 탄 배가 가물가물 멀어질 때까지 그 자리에 서서 손을 흔들어주었다. 그들의 마음 씀씀이는 내가 그동안 알았던 일본 사람들에 대한 감정을 일시에 바꿔놓았다.

불의 섬 유황도이오지마 가는 길

유황도에 가까워지자 섬 중앙에 솟은 산에서는 마치 봉화처럼 연기가 군데군데 피어오르고 있었다. 나는 처음 본 유황도의 모습을 담고자 500m/m 망원렌즈로 연속사진을 찍었다.

요트가 유황도에 가까워질수록 연기가 구체적으로 눈에 들어왔다. 혹시

유황도에 가까워지자
섬 중앙에 솟은 산에서는
마치 봉화처럼 연기가 군데군데 피어오르고 있었다.

유황 화산 폭발? 이런 생각을 하는 순간 몸이 바짝 긴장되었다. 화산 폭발이라면 우리나라에서는 볼 수 없는 진풍경이다. 이번 우리의 요트 투어에서 화산 폭발로 생긴 사쿠라지마 섬을 둘러보기는 했다. 화산 폭발로 쏟아져나온 화산재가 온 거리를 뒤덮은 모습은 정말로 끔찍했다.

하지만 활동 중에 있는 화산을 보진 못했다. 화산 폭발을 유황도에서 실제 경험할 수 있다고 생각하니 호기심이 동하기도 했지만 한편으로는 두렵기도 했다. 일본은 참 대단한 나라다. 가히 화산과 함께 살고 화산으로 먹고산다고 해도 과언이 아니다. 사쿠라지마 섬을 비롯한 일본 열도 곳곳에 살아 있는 화산이 널려 있을 뿐 아니라, 이를 관광자원으로 활용하고 있다. 거기에 더해 원폭으로 폐허가 된 도시 모습까지 관광자원으로 활용하여 외국인을 끌어들이기까지 한다.

연락을 받고 마중 나온 유황도 주민의 안내를 받은 우리 일행은 편안하게 유황도에 입도했다. 나는 신혼 시절 3년 정도 인천 영종도에서 살아서 섬에 익숙한 편이다. 보통의 섬들은 해안 절벽이나 배가 닿는 포구, 물 빛깔 등이 대개 비슷하다. 그런데 유황도는 바닷물 색깔부터 달랐다. 섬을 둘러싼 바닷물이 온통 누런 빛깔이었다. 유황도라는 이름 그대로 화산에서 뿜어낸 유황이 바닷물 색깔을 바꿔놓은 것이다.

배를 접안하고 누렇게 보이는 바닷물을 손으로 떠서 맛을 보았다. 독한 냄새가 코를 찔렀다. 화산 분화구에서 뿜어져나온 천연유황 냄새다. 유황도는 말 그대로 '살아서 숨 쉬는' 섬이다. 언제 폭발할지, 얼마나 크게 폭발할지 알 수는 없지만, 분명히 살아 움직이는 활화산이다.

이곳에는 일본 유소년 캠프 야영장이 있다. 우리를 마중 나온 분이 바로

유황도 항구와 항구 주변의 유황물

유황도를 안내해준 답례로 담배를 선물하자
관리인은 어린아이처럼 좋아했다.

이곳 야영장 관리인이었다. 이곳 관리인은 담배를 무척 좋아했다. 일본은 담뱃값이 비싼데 더구나 이곳은 섬이니 담배가 더욱 귀했다. 관리인은 우리가 담배를 선물하자 어린아이처럼 좋아했다.

이곳 유황도에는 온천욕을 즐길 수 있는 유황 온천이 두 곳 있는데, 바닷가 해안으로 직접 유황 온천물이 흘러내린다고 한다. 정말 환상적이다. 첫 번째 탕은 계란이 삶아질 정도여서 아예 들어갈 수가 없고, 두 번째 탕은 기분 좋게 뜨끈했다. 세 번째 탕은 온도가 낮아서 반신욕을 하며 오래 있어도 무리가 없을 듯했다. 두 번째 탕이 우리같이 보통 사람들에게는 가장 적당했다.

우리는 준비해간 수영복으로 갈아입은 뒤 따뜻한 온천수에 들어갔다. 모두들 어린아이처럼 흥분해서 이리저리 자리를 옮겨다녔다. 뜨거운 유황물이 떨어지는 폭포수에 머리와 등을 대고 물 마사지를 하며 편안한 하루를 보냈다. 아쉬운 점은 홍일점인 심지예 대원이 투어 중에 의사 면접시험을 보러 가는 바람에 유황도 투어에 참여하지 못했다는 것이다.

저녁때가 돼서야 우리 일행은 개운하고 즐거운 유황도 투어를 마치고 요트로 돌아왔다. 돌아와서도 대원들은 온천이 너무 좋았다며 온천에서 보냈던 짧은 시간을 내내 아쉬워했다.

좋은 곳을 오니 역시 아내가 걸린다. 다음엔 꼭 아내와 함께 유황도에 다시 한 번 오리라 마음속으로 다짐했다.

유황도 노천 온천탕에서의 즐거운 한때

P.S

1년이 지난 지금 나는 마음속으로 약속했던

아내와의 유황도 여행을 가지 못했다.

하지만 시간과 사정이 여의치 못해서 못 가고 있을 뿐,

언젠가는 반드시 다녀올 것이다. 이오지마라고 불리는 유황도.

개인적으로 이번 요트 투어에서 가장 감명 깊었던 곳이다.

이 글을 읽는 독자에게 유황도 여행을 적극 권하고 싶다.

분명 실망하지 않을 거라 장담한다.

죽도·유황도 영상

야쿠시마의 원령공주

윤병진 대원 |멋지니|

〈원령공주〉의 고향, 아름답고 신비로운 야쿠시마

'요트 여행' 하면, 나와 대원들도 그랬듯이 잔잔한 바다 위를 미끄러지듯 달리는 평온한 풍경만을 떠올릴 것이다. 하지만 벗삼아호를 타고 떠나는 '꿈의 세일링 여행'에서는 예상을 뒤엎는 일들이 수도 없이 일어났다. 그중의 한 곳이 이곳 야쿠시마다.

항해 구간을 3일 단위로 무리하지 않게 나눠서 갔지만, 그것조차 바다 한가운데서 지독한 파도와 멀미로 힘들어하는 대원들에게는 어려운 일정이었다. 보통 뱃멀미는 육지를 밟으면 안개처럼 사라지지만 망망한 바다 한가운데서 일어나는 뱃멀미는 대책이 없다. 그러던 차에 야쿠시마 땅을 밟으니 날아갈 것 같았다. 야쿠시마는 세계자연유산으로 지정된 가고시마 현의 한 섬이다.

포트에 정박하고 요트 정비를 하고 있는 사이 의사 면접시험을 보러 가느라 가고시마에서 잠시 귀국했던 심지예 대원이 돌아왔다. 그것도 다른 대원들이 부탁한 짐을 바리바리 싸들고 개선장군처럼 씩씩하게. 풍광이 아름다운 죽도와 온천수가 좋았던 유황도에서는 함께 하지 못해 아쉬웠는데, 이곳 야쿠시마에서 재회하니 참 반가웠다. 여행 초반에는 모두들 중도 하차할 거라 지레짐작했지만 우리의 예상은 빗나갔다. 똑똑한 '인절미' 대원은 이젠 벗삼아호에 없어서는 안 될 중요한 식구가 되었다. 혼자 여행을 많이 다녀봐서 그런지 새로운 지역에 도착하면 알아서 정보를 수집하고 현지인처럼 가이드를 해주는 등 모든 일에 척척이었다.

시간이 흐르자 주변을 여행 중이던 일본인 부부가 다가와 이곳에 큰 요트가 있는 게 신기했는지 말을 걸어왔다. 우리는 부부를 요트 안으로 안내해 차를 대접하며 야쿠시마 여행에 필요한 정보를 물었다. 이들이 자세히 소개해준 정보가 여행 일정을 짜는 데 많은 도움이 되었다.

야쿠시마 항구. 저 멀리 정박한 벗삼아호가 보인다.

야쿠시마 트레킹.

새벽 산행은 배 안에서만 생활해왔던

벗삼아호 가족들의 지친 심신을 달래주었다.

첫날은 요트 청소 및 휴식을 취하고 다음날 산행을 하기로 했다. 늘 배에서만 생활해 운동이 부족했던 벗삼아호 가족들이 굵은 땀방울을 제대로 흘릴 수 있게 해준 야쿠시마에서의 등산은 바다에 지친 대원들의 심신을 달래기에 아주 좋은 곳이었다.

다음날 새벽 4시경 모두들 버스를 타고 나이가 7천 년 이상 됐다는 삼나무인 '조몬스키'를 보러 갔다.

기원전부터 한자리를 지켜온 이 나무를 보니 경이로움이 느껴졌다. 그에 비하면 너무도 짧은 생애를 사는 우리지만, 그만큼 100여 년의 시간

을 수천 년이 함축된 것처럼 더욱 의미 있고 행복하게 보내야겠다는 생각을 했다. 이 산엔 일본 애니메이션 〈원령공주〉의 배경이 된 태고의 숲 '시라타니 운수협'도 함께 자리하고 있었는데, 과연 한없는 상상력이 펼쳐질 만한 풍경이었다. 조몬스키 말고 유명한 삼나무가 하나 더 있는데, 밑동만 남은 거대한 '윌슨 그루터기' 안에 들어가서 위를 보면 하트 모양의 하늘이 보인다.

야쿠시마는 거대한 원시림에서 트레킹을 하며 자연 그대로를 느낄 수 있는 곳이었다. 세일링 여행 중 유일하게 장시간 땀 흘리며 걸었던 산악

트레킹. 바다를 끼고 여행하는 우리들에겐 산소와도 같은 시간이었다. 늘 소금기 가득한 바닷바람에 찌들어 있던 우리의 몸속에 원시림의 청정한 산내음을 가득 채워 넣은 유일한 순간이었던 이곳에서 몸과 마음에 쌓인 피로들을 말끔히 풀었기 때문에 나머지 일정도 건강하게 보낼 수 있었던 건 아닐까.

세 번째 날은 렌트카를 빌려 야쿠시마 일주를 했다. 어느 여행지를 가나 렌트카를 알아보고 빌려오는 것이 나의 주된 임무였다. 운전석이 우리나라와 반대쪽이라 처음엔 어색했지만, 일본의 여러 섬에서 드라이빙을 하다 보니 이젠 익숙하고 재미도 있었다. '비의 섬'이라고도 불리는 야쿠시마. 이날 역시 비가 내렸다. 비 내리는 야쿠시마는 아름다웠고 청량감이 더해졌다.

일본의 섬 풍광이 모두 비슷비슷하지만 특히 이곳 야쿠시마 섬에는 원숭이와 사슴이 많았다. 사람이 근처까지 다가가도 겁을 내지 않고 던져주는 과자를 냉큼냉큼 받아먹는 모습이 너무나 천연덕스러웠다. 원숭이 떼가 몰려가자 그 뒤를 따라서 보기에도 앙증맞은 사슴이 나타났다. 이 사슴은 '야쿠시카'로 불리며 이 섬에서만 서식하는 특산종이다.

이렇게 야쿠시마의 귀여운 동물들을 뒤로하고 다음 목적지인 아마미를 가기 위해 채비에 나섰다.

야쿠시마 트레킹

야쿠시마 섬에서 만난 야쿠시카 사슴과 원숭이 무리

조몬스키 삼나무 앞에서

윌슨 그루터기 안에서 바라본 하트 모양의 하늘

조몬스키 삼나무

침목 위에 세로 놓인 두 쪽
송판길을 오른다.
어둔 계곡 물 소리 산새 소리
코끝을 스치는 삼나무 향
천 년 숲의 정령과 원령공주는
어떤 모습일까.
한 곳에 서서 숲을 지켜본
칠천이백 년 세월 앞에
먼 길 달려온 모두는
마음을 비우고 옷깃을 여미네.

허광음 詩

폭풍 속으로

최종 결정은 선장의 몫 – 그래, 출항하자!

야쿠시마에서 다음 입항 예정지인 아마미까지의 거리는 약 150해리약 290km이다. 항해 스케줄을 짤 때 항상 보수적으로 계산해놓아야 차질이 생겨도 큰 문제 없이 대처할 수 있는 시간적 여유를 가질 수 있다. 벗삼아호의 항해 평속은 5노트로 계산한다. 150마일해리이면 약 30시간 항해 거리다.

이즈음 이곳 일본열도는 북동·북서풍이 지속적으로 불어오는데 평균 25~35노트이다. 30노트의 바람은 우리나라 연안에서는 풍랑주의보가 발효되어 작은 고깃배와 유람선이 바다에 나가면 위험한 정도의 바다 상태라고 할 수 있지만, 정박된 돛배에서는 마스트와 돛줄을 통과하는 바람 소리가 엄청나서 바다 생활이 익숙지 않은 사람은 스트레스 받을 정도의 바람이다.

11월 28일부터 수일 동안 30노트의 바람과 40노트의 돌풍이 비와 함께 몰아쳐 바다 상태가 장난이 아니었다. 12월 2일을 출항일로 잡았다. 바람은 2일 저녁부터 20노트대로 약해지고 3일은 15노트까지 약해질 것으로 예보되었다. 출항 시 조금 고생은 하겠지만 이때가 아니면 다시 30노트대의 바람이 불어올 것으로 예상되는 만큼 출항하는 것이 옳을 것 같았다.

1일 저녁, 제주피닉스 아일랜드 김선일 팀장과 윤태근 선장에게 이번 출항 시 바다 날씨를 알 수 있도록 준비해달라고 부탁했다. 김선일 팀장은 아직 바다가 사나워서 하루 이틀 더 지켜보고 출항하는 것을 권했고, 윤태근 선장은 출항을 적극 권했다.

결국 최종 결정은 내가 해야 하는 것, 렌트카를 타고 섬 북쪽 해안으로 올라가 바다 상황을 확인했다. 그야말로 집채만 한 파도가 계속 밀려오고 바람도 35노트급 이상이다. 우리가 출항하면 왼쪽에서 큰 바람과 파도가 몰아치겠지만, 곧 기수를 남동쪽으로 돌려 잡으면 포트 쪽 브로드 리치바람이 불어 내려가는 풍하 쪽 60도 정도로 항해하는 코스에 큰 어려움 없이 섬 남단을 통과할 수 있고, 4~5시간 후인 저녁때쯤이면 섬을 벗어나면서 강한 북동풍에 노출되겠지만 점차 잦아들 것으로 예상되었다.

그래, 출항하자! 대원들에게 1시에 맞춰 출항 준비를 할 것을 지시했다. 동생은 근무 시간표를 작성했고, 나는 자세한 기상 자료를 준비하여 점심을 먹은 뒤 항해 브리핑을 시작했다. 대원들이 놀라거나 긴장하지 않도록 예상되는 기상 변화와 조파도를 보여주고 돛을 올릴 때 해야 할 일, 안전상 근무자의 전원 하네스장착 띠 착용, 갑판에 노란 안전줄라이프가드 설치, 필

폭풍 속으로

요 장비 운용 계획 등을 자세히 알려주었다.

"이런 좋은 시설과 장비를 갖춘 카타마란이 이 정도의 바다 상황에서 항구에 겁쟁이처럼 묶여 있으려면 아예 동네 도랑에서 미꾸라지나 잡는 게 나을 거다"라며 대원들의 투쟁심을 슬쩍 건드렸더니 모두들 이구동성으로 흔쾌히 출항하자고 결의를 다진다.

마지막 계류줄을 거둬들인 뒤 뱃머리를 이안시키려 트로틀을 재껴보았는데 바람이 심하여 이안도 쉽지 않았다. 최대의 동력으로 한쪽은 밀고 한쪽은 당기자 조금씩 육지에서 이격되기 시작한다. 기회를 놓치지 않고 이안하여 단번에 좁은 내항에서 외항으로 통하는 수로를 벗어나 마지막 방파제 출구로 내달렸다.

집채만 한 파도와 거센 바람과의 사투

바람이 세어 우리가 가진 모든 출력을 다 끌어쓰며 항구 밖으로 나오니 며칠 동안 몰아친 강풍에 파도는 집채만 하고 바람 또한 30노트 이상이다. 바람 방향으로 선수를 돌려야 돛을 올릴 수 있기 때문에 좌로 30도 이상 휠러더/키을 잡아 돌리니 바람에 밀려 선수 방향을 풍상으로 칠 수가 없다. 이때 표 항해사가 "선장님, 반대로 돌려 들어가시죠"라고 조언한다. 역시 표연봉이다. 나는 바로 배를 우현으로 돌려 그 타력으로 풍상을 치고 즉시 메인세일을 올리기 시작했다.

대원들은 능숙하게 자기가 맡은 태스크를 잘 수행하여 단번에 2단 축범 위치까지 돛을 올렸다. 지난 2주간의 해상 생활을 통해 제법 팀워크도 맞고 일머리를 안다. 기분 좋게 2단 축범 줄의 클리트를 채우고 바로 우현

40도로 침로를 바꾸니 '팡' 하는 소리와 함께 돛폭은 바람을 가득 채우고 배는 금방 8노트로 내달린다.

하지만 아직은 아니야! 나는 좌우 트로틀을 모두 1단으로 내려 프로펠러 회전수를 200rpm 미만으로 낮추고 헤드세일을 펼 것을 지시했다. 표 항해사의 지휘로 순식간에 30% 축범한 집세일이 펼쳐졌다. 속도는 8노트에서 고정되었다. 자동항법장치를 가동해보려고 해도 옆 파도와 바람 때문에 방향을 고정시키기가 너무 어려웠다. 자꾸 선수가 오른쪽으로 밀린다. 웬만한 바람과 파도에서는 주돛과 앞돛의 풍압중심점이 서로 언밸런스가 되더라도 두 개의 큰 러더키가 유압으로 버텨주어서 자동항법장치가 문제없이 작동된다.

파도가 심하고 바람이 세면 2단으로 축범한 주돛에 30% 축범한 앞돛이 각각 다른 풍압중심점을 만들고 그 두 개의 풍압중심점의 평균값이 선체의 무게중심점과 일치되기가 쉽지 않다. 그러면 배는 웨더헬름weather helm과 리웨이leeway라는 현상이 발생하여 뱃머리가 바람이 부는 쪽으로 과도하게 들어가려고 하거나 혹은 밀리는 물리적 불균형이 일어나 자동항법장치를 가동해도 배의 진로를 고정시킬 수 없게 된다. 물론 주돛과 앞돛의 돛줄을 조금 풀면 갇혀 있던 바람이 빠져나가면서 풍압중심점을 앞뒤로 조정할 수 있지만, 이런 바람 이런 파도에서는 간단한 게 최고다. 오른쪽으로 밀리려는 뱃머리를 휠을 틀어쥐고 돌려 그 힘에 대항하여 견디는 것이 기계로 하는 것보다 훨씬 정교하게 진로를 안정시키는 방법이다.

십수 년간 나를 괴롭히던 목 디스크로 인한 왼쪽 어깨의 통증이 긴장한

항해에서 안전은 필수! 라이프가드 설치 작업 중

탓인지 재발했다. 그렇지만 남쪽으로 침로를 변경할 WP항로변경지점까지 이 속도로 40분 이상 나아가야 자동항법장치가 말을 들을 것이다. 옆에 있던 심지예 대원이 팀닥터답게 내 뒤에서 어깨의 통증 부위를 마사지하며 풀어주려고 노력한다. 하지만 누를 때뿐이고 계속해서 뻐근하고 불쾌하다.

얼마쯤 내달려 남하를 시작하면서 다시 수동항해 모드를 자동으로 바꾸었다. 그러자 잠깐 흔들리던 뱃머리가 멈칫하더니 지정 방위로 고정되어 침로가 유지된다. 아, 힘주어 잡고 있던 휠을 놓았다. 피곤이 엄습했다. 다른 대원들 얼굴을 보니 저마다 큰 바람, 큰 파도에 긴장했다가 조금 지나자 '큰일 아니네' 하는 표정으로 긴장을 푸는 모습이다.

근무조가 나를 대신해 브릿지에 정위치하자, 나는 살롱으로 돌아와 느긋하게 원두를 분쇄하여 고소한 드립커피를 즐겼다. 저녁도 먹는 둥 마는 둥 하고, 브릿지에 있는 두 대원들과 함께 발전기 가동과 프로펠러 회전

수 조정, 바람에 따른 돛 조정 등을 놓고 씨름하다가 10시쯤 표 항해사에게 인계하고 선실로 내려왔다.

자리에 누워 주기적으로 들리는 프로펠러, 직류발전기 소리, 그리고 포트 쪽에서 밀고 들어와 우리 배 밑을 두 번 두드리고 선수로 빠져나가는 거센 파도의 굉음을 듣다 보니 어느새 깜빡 잠이 들었다.

두려움은 우리를 단단하게 만든다

삐리릭거리는 무전기 소리에 잠이 깼다. 바람이 잦아들었는지 선내에서의 소음이 좀 작아진 듯하다. 잠자는 사이 어깨 통증도 한결 가벼워졌다. 옆자리에 누운 동생이 깰까봐 조용조용 살롱에 나오니 표 항해사도 피곤에 겨웠는지 차트테이블에 머리를 떨구고 있다. 이런 항해에서는 항해사가 제일 힘든 법이다.

새벽 1시 반이다. 표 항해사를 선실로 내려보내 쉬게 하고 브릿지에 올랐다. 세 명의 대원이 옹기종기 브릿지에 모여앉아 어깨를 맞대고 이야기에 열중이다. 비미니요트 천막 입구 계단에 서서 바다를 내려다보았다. 먹장구름 사이로 새어나오는 달빛이 바다를 비출 때 배의 왼쪽에서 몰아치는 4~5m급 백파에 우리 배는 시속 11.5노트로 밤바다의 슴새처럼 날고 있었다. 순간 나는 '모골이 송연하고 간담이 서늘해진다'는 옛말의 의미를 온몸으로 깨달았다. 이렇게 빠른 속도로 달려도 문제가 없는 걸까? 안전속도보다 3노트 이상 빠른 상황인데, 진정한 황천항해荒天航海, 태풍급 바다에서의 항해를 경험하지 못한 나로서는 겁나는 일이었다.

배는 안정적으로 잘 가고 있는 듯했다. 하지만 수심 1,000m, 가까운 섬에서 50km 떨어진 이곳의 상황은 예측불허, 2단 축범의 한계점인 35노트 이상의 돌풍이 불 수도 있지 않은가! 감속이 안전했다. 서둘러 집세일을 50%로 축범했다. 10, 9.5, 9, 8.5까지 감속된다. 하지만 모터는 그대로 150~200rpm을 유지했다. 직진성이 좋아져 자동항법장치 유지에 도움이 된다. 주 동력원인 20kw 발전기를 끄고 9kw 교류발전기를 가동시켰다.

새벽 5시쯤 표 항해사와 교대하고 내 침실로 돌아와 최근에 다운받은 레드 제플린의 노래를 들었다. "when I look to the west, and my spirit is crying for leaving~" 아, 지금 이 순간 얼마나 절묘하게 들어맞는 가사인가.

다시 갑판에 나왔을 때 바다는 2m 내외의 파도와 15노트 내외의 세일링에 꼭 좋은 바다로 변해 있었고, 구름이 조금 낀 맑은 아침이었다. 표 항해사는 이미 대원들과 2단 축범을 풀고 1단 축범으로, 집세일은 full sail로 6.5노트의 선속을 유지하고 있었다.

멀리 아마미 섬 동쪽 곶부리가 가물가물 보이기 시작했다. 대원들은 너나 할 것 없이 모두 브릿지에 모였다.

"어때, 이번 항해 좋았어?"

모두가 한목소리로 합창처럼 대답했다.

"네, 선장님!!!"

아마미 섬의 가나메 씨

탐사대장 허광훈 |바람|

가나메 씨와의 만남

이번 항해 중에 많은 사람들을 만나 좋은 인연을 맺었지만 아마미 섬에서 만난 가나메Kanama Masaaki 씨는 우리에게 친절의 대명사라 불린다.

일기가 고르지 못해 야쿠시마에서 예상 외로 오래 머문 바람에 바다가 조금 거친 상태에서 약간의 무리를 해서 떠난 아마미 행. 중간중간 섬 띄기를 하며 쉬어가려고 계획했지만, 바람 방향이 안 맞아 그냥 통과하다 보니 대한해협을 건널 때만큼의 먼 거리와 만 하루가 넘는 긴 항해를 하게 됐다. 가고시마를 떠나면서부터 태평양에 직접 맞닿은 바다여서 그런지 파도가 거칠고 잡히는 물고기도 달랐다. 트롤링에 고기가 잡혀도 너무 큰 고기가 물리는 바람에 낚싯줄이 터져 고기 잡기가 더 힘들었다.

외국에서 구입해서특히 일본 국내로 들여오는 요트는 많아도, 한국을 떠나 대양으로 세일링 투어를 나가는 요트는 많지 않다. 카타마란을 타고 동남아 세일링을 하고 돌아온 요트는 벗삼아호가 처음이다모노헐 요트도 손에 꼽을 정도고. 그러다 보니 항로에 대한 정보도 많지 않고 도움받을 현지 요트인도 거의 없다. 항해 중 정비에 어려움이 생기면 이원부 박사에게, 기상이나 항로에 대한 판단이 잘 안 서면 윤태근 선장과 김선일 팀장에게 조언을 받았다.

아마미 섬 근처를 항해할 때, 단독으로 필리핀 코론 섬까지 갔다가 요트는 좌초되고 몸만 구조된 '용감 무식한' 지식인 서울대 이중식 교수가 전화를 해왔다. 아마미 도착 직전이라고 했더니, 아마미 시청에 근무하는 공무원 '가나메 씨'가 한국어가 능통하니 도움이 필요하면 연락해보라며 전화번호를 알려준다. 괜한 신세를 지는 것 같아서 망설이다가 여행지 정보라도 얻어볼까 싶어 전화를 했다.

아마미 섬의 항구로 진입하는 벗삼아호

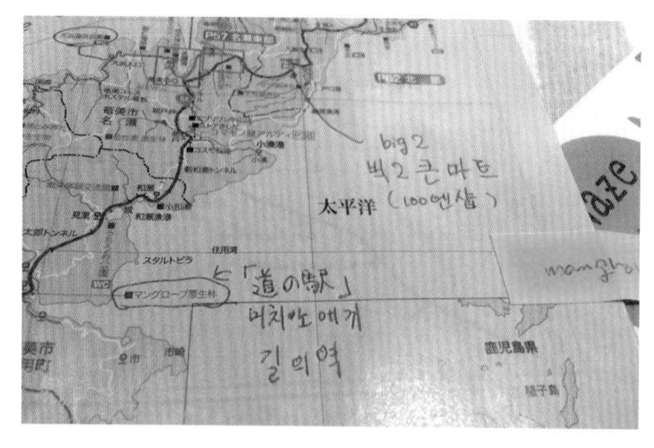

가나메 씨가 가져온 아마미 섬 지도

가나메 씨는 요트에 대해서는 상식이 없는 평범한 공무원이었다. 용무가 있느냐고 묻길래 그냥 연락해본 거라고 대답을 하고 보니 왠지 겸연쩍었다. 그가 나중에 들러보겠다고 하니 더욱이 괜한 전화를 했구나 싶었다.

짧지만 아름다운 인연에 감사하며

시내에서 가까운 항구에 정박하려 하니 해경이 와서 여기는 안 된다며 다른 먼 곳을 알려준다. 한참을 헤매다 정박지를 찾아서 밧줄을 묶고 있는데 정말로 가나메 씨가 방문했다. 혹시나 도울 일이 있나 싶어 한국 유학생 한 명과 같은 부서 여직원까지 세 명이서 함께 온 것이다. TV를 보면서 한국어를 독학했다는 가나메 씨는 정말 유창하게 한국말을 구사했다. 이름이 '다정'이라는 학생은 아마미에서만 할 수 있는 연구가 있어 공부하러 온 유일한 한국 유학생이다. 이국에서, 그것도 일본 열도의 조그만 섬에서 동포를 만나니 매우 반가웠다.

배를 정박하는 데 필요한 절차를 밟을 때 가나메 씨는 마치 자기 일처럼 깎아달라고 졸라서 무료로 배를 정박하도록 조처를 해주었다. 수속 절차를 마치고 그가 직접 가져온 지도를 펼쳤는데, 혹시 우리가 일본어를 모를까봐 인터넷을 쓸 수 있는 곳, 맛집, 관광지 등등까지 일일이 한글로 적어서 가져왔다. 심지어 우리를 렌터카 사무실까지 태워다주기까지 했다.

우리는 렌터카 사무실에서 차를 빌려 아마미 탐사 5일간의 일정을 시작했다. 가나메 씨의 친절은 이후로도 도를 넘을 정도로 세심했다. 출근할 때 들러서 필요한 건 없는지, 점심시간에 들러서 궁금한 건 없는지 물어보고, 퇴근 때 들러서는 아마미 지역 이야기며 일본인들이 사는 시시콜콜한 이야기까지 해주었다. 지나치다 싶을 정도로 친절한 일본 사람들의 습성은 익히 알고 있었지만, 진심으로 교감하고 배려하려는 가나메 씨의 마음 씀씀이에 감동했다.

가나메 씨는 일본 공무원이 월급도 적고 지위도 낮아서 아무나 하는 직업이라고 말했다. 실제로 세금 빼고 받는 그들의 급여가 너무 적어 놀라웠다. 아마미를 떠나기 전에 유명하다는 맛집을 찾아 가나메 씨와 함께 점심을 먹었다. 토요일이라 가족도 함께 초대했지만 가족은 다른 일이 있다며 혼자 나왔다.

점심을 먹은 뒤 기념사진을 찍으며 5일간의 정든 만남에 작별을 고했는데, 저녁을 먹고 출항을 준비할 때 가나메 씨가 다시 요트를 찾았다. 라면 8개, 생수 8개, 맥주 8개, 과자 8개, 특산물 등 이것저것 8개씩을 사왔다. 그는 우리가 가는 항로의 기상 정보까지 프린트해와 전해주었다. 일본 기상청에 요청해서 실시간으로 받은 정보라고 했다.

그는 이후에도 우리가 일본을 벗어날 때까지 수시로 일본 기상 상황을 카톡으로 전송해주었다. 낮아 보이는 다리 밑을 지나갈 때 혹 돛대가 걸

지나치다 싶을 정도로 친절한 일본 사람들의 습성은 익히 알고 있었지만,
진심으로 교감하고 배려하려는 가나메 씨의 마음 씀씀이에 감동했다.

인연의 소중함을
깨닫게 해준
가나메 씨

리지 않을까 다리 높이를 물어보면 기다렸다는 듯 총알처럼 답이 왔다. 시청에서는 유능한 공무원이고 외국인에게는 더없이 친절을 베푸는 진정한 국민의 공복을 보는 듯했다.

벗삼아호를 타고 항해하는 도중에 요론의 가나메, 미야코지마의 가나메, 대만 컨딩의 가나메 등 수많은 가나메 씨를 만났다. 아무 연고도, 이해관계도 없는 사람들이지만, 지나는 길에 만난 짧은 인연의 소중함을 깨닫게 해준 고마운 사람들이다. 그들이 한국에 온다면 서울의 가나메, 영월의 가나메, 광주의 가나메 등, 벗삼아호 가족 또한 기꺼이 한국을 알리는 한국의 가나메가 될 것이다.

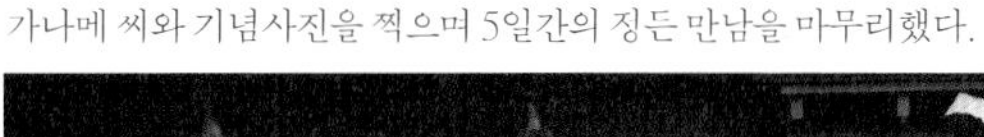

가나메 씨와 기념사진을 찍으며 5일간의 정든 만남을 마무리했다.

가슴이 뜨거운 사람들

요론 섬에서 유일한 한국 사람을 만나다

12월 8일 11시 조금 넘은 시각에 요론 섬에 도착했다. 오키나와가 일본에 반환되기 전까지 일본 본토에서 남동쪽으로 가장 먼 섬이었던 요론은 유리가하마百合ヶ浜라는, 바다 한가운데 만들어지는 모래섬으로 아름다운 관광지다.

우리가 입항하니 마침 마을 유지 한 분이 정박 장소를 알려주겠다며 직접 배에 올라 항구 오른쪽에 위치한 폰툰으로 우리를 안내한다. 사실 폰툰 시설부교이 없는 곳에 정박하면 여러 가지 문제가 발생한다. 조수간만의 차가 큰 항구의 경우 시간에 맞춰 계류줄을 풀고 조이는 걸 잘해야 한다. 물이 빠지는 것을 생각하지 않고 타이트하게 육지에 붙여놓다가는 큰 일이 날 수가 있다.

반대로 계류줄이 여유가 많으면 조류와 지나다니는 배들이 만들어내는 파도에 의해 배가 콘크리트 벽에 부딪쳐 상처가 날 위험이 있다. 특히 외양이 눈처럼 하얀 벗삼아호는 항구에 매어두는 쿠션용 폐타이어와 마찰

백합섬이라고도 불리는 유리가하마의 아름다운 모래톱

이 생겨 검은 얼룩이 만들어지면 낭패다. 하지만 폰툰 시설이 있으면 물이 들고 날 때 폰툰도 함께 내려가고 올라가기 때문에 한 번 계류줄을 조정해놓으면 걱정 없이 푹 쉴 수 있다.

정박 후 배 정리를 하고 있는데 아주머니 한 분이 오셨다. 통영이 고향인 재일동포라고 자신을 소개한 아주머니는 자신이 이 섬에서 유일한 한국 사람이라고 했다. 아주머니는 남편의 친구인 시의원이 한국 배가 입항했다고 전화를 해서 이곳에 왔다며 매우 반가워했다.

아주머니에게 배 구경을 시켜드리고 저녁식사에도 초대했다. 오후에 백합섬 구경을 갈 예정이라고 했더니, 섬 주변에 산호초가 위험해서 우리가 가지고 다니는 고무보트상륙정로는 갈 수 없다며, 고맙게도 전화로 수소문하여 트럭을 가져오셨다. 트럭에 우리 보트를 싣고 유리가하마가 보이는 해변으로 간 뒤 그곳에서 다시 보트를 몰고 유리가하마로 들어갔다.

먼 바다의 파도가 거칠게 섬 쪽으로 밀려오다가 산호초가 깔린 어보 지

유리가하마 가는 길

요론 섬의 아름다운 '백합' 유리가하마

유리가하마에서 다이빙을 즐기다.

요론 섬 해역도

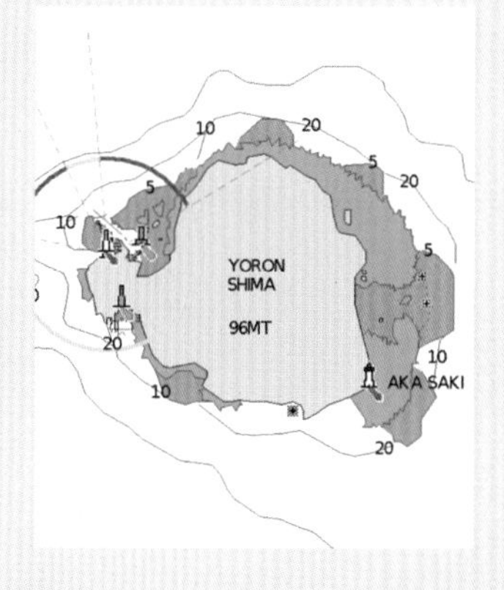

요론 섬 전경.
가운데가 유리가하마이다.

역으로 오면 잔잔해진다. 맑은 산호초 지역으로 둘러싸인 수 ㎞의 환초 지대에 하얀 산호초가 부서져 생긴 모래톱이 물이 빠지면 하얗게 드러나는데, 이것이 백합섬 유리가하마이다. 가지고 간 헬리캠을 띄워 항공촬영도 하고 산호 주변에서 스노클링하며 놀다 물이 들어오기 시작하자 모두들 나왔다.

이렇게 알게 된 인연으로 통영 아주머니와 일본인 남편, 그곳 시의원과 친구들을 우리 배에 초대하여 이틀 동안 한국식 요리로 함께 저녁을 먹으며 조촐한 파티를 즐겼다. 아주머니의 남편은 이곳 전통악기인 산시를 능숙하게 연주했는데, 우리 대원들이 가져간 하모니카와 합주를 하며 흥겨운 시간을 보냈다.

다음날은 아주머니가 스쿠버 숍을 소개해줘 값싸게 스쿠버 다이빙을 할 수 있었다. 점심은 그곳 특산인 더운 메밀국수. 이렇게 2박 3일 동안 요론 섬에 머문 뒤 다음날 아침 오키나와 기노완 마리나로 출발하기로 했다. 아주머니는 기노완 마리나의 진입 항로에 암초가 많아서 위험하니 가는 길목에 있는 이에시마 섬에 들러 하룻밤 체류하고 갈 것을 권했다. 그러고는 선속을 잡아주고 우리 배를 안내해줄 자기 친구의 전화번호까지 알려주는 등 가능한 모든 편의를 제공해주었다.

통영 아주머니와 일본인 남편, 그곳 시의원과 친구들을 초대해 조촐한 파티를 즐겼다.

이렇게 친절하고 고마운 사람들이 또 있을까

출항 전날 밤, 아주머니 일행과 우리 배에서 마지막으로 함께 저녁을 먹었다. 우리 대원들은 대형 태극기에 영어로 '아름다운 요론 섬에 들러 참으로 많은 것을 배우고 갑니다'라고 쓴 뒤 모든 대원들이 서명을 해서 아주머니께 선물로 드렸다. 그렇게 아주머니와 작별을 하고 저녁 10시쯤 잠자리에 들었다.

다음날 아침 일찍 일어나 저마다 자기가 맡은 출항 전 매뉴얼에 맞추어 출항 준비를 하는데, 어제 오셨던 모든 분들이 차량 여러 대에 나누어 타고 또다시 배웅을 하겠다고 오셨다. 저마다 선물을 한아름씩 들고 와 우리에게 건네주었다. 직접 만든 간장, 특산품인 소바, 특산 청주, 집에서 담근 단무지, 음료와 생수 등등. 이렇게 친절하고 고마운 사람들이 또 있을까. 진심을 담아 감사의 인사를 전하고, 이제 정말 작별을 고하며 계류줄을 풀었다.

배를 후진시켜 100여m 뒤로 뺀 후 기수를 돌려 방파제를 오른쪽으로 끼고 항구를 벗어나는데, 그때까지도 우리가 떠난 폰툰에 그대로 서서 손을 흔들고 있었다. 우리 대원들 모두 함께 플라이브릿지에 올라 손을 흔들었다. 우리 배가 방파제를 막 돌아 나가려니 그제야 그들도 모두 차에 오른다. 이젠 집으로 돌아가겠지 했는데 아니,

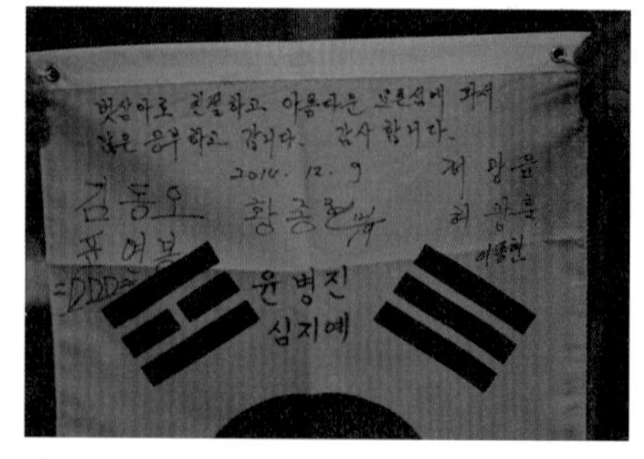

태극기에 기념 사인을 해
작별 선물로 통영 아주머니께 드렸다.

보이지 않을 때까지 손을 흔들어주는 그 마음에 우리 모두 가슴이 먹먹해왔다.
참고로 안 보일 때까지 손을 흔드는 게 일본의 인사법이다.

다시 차를 몰고 우리 배가 잘 보이는 방파제 끝으로 오더니 차에서 내려 다시 손을 흔들기 시작했다. 나도 배의 진행 방향을 난바다로 맞춘 후 자동항법장치를 가동하고 대원들과 함께 한마음으로 손을 흔들어주었다.

그렇게 가물가물 그들이 보이지 않을 때까지 손을 흔들면서 우리는 그제야 가슴이 먹먹해오고 눈에 눈물이 고이는 것을 경험했다. 평생 한 번도 본 적이 없고 이제 다시 만날 기약도 없는 생면부지 나그네인 우리와 단 이틀간의 만남이었지만, 우리와의 만남을 기뻐해주고 헤어짐을 진정으로 서운해했던 그 마음이 고스란히 전해져왔다. 배가 난바다로 나가 흰 돛을 올리고 요론 섬이 가물거릴 때까지, 우리는 그들의 꾸미지 않은 진실한 마음을 머리가 아닌 가슴으로 느끼고 있었다.

요론 섬 최고의 볼거리인 유리가하마 모래톱에 새긴 '벗삼아호 요론 섬에 오다.'

하늘과 바람과 별과 야광충

심지예 대원 | 인절미

뱃머리가 지나가는 바다에는

야광충으로 가득 차 있습니다

나는 아무 걱정도 없이

바다 속의 별들을 다 헤일 듯합니다

가슴속에 하나둘 새겨지는 별을

이제 다 못 헤는 것은

교대 시간이 오는 까닭이요

내일도 야간 근무가 남은 까닭이요

아직 우리의 항해가 다하지 않은 까닭입니다

별 하나에 추억과

별 하나에 사랑과

별 하나에 쓸쓸함과

별 하나에 먹고살 걱정과

별 하나에 내일 식단 뭐하지
별 하나에 아, 그런데 너무 춥다

나는 별 하나에 아름다운 말 한마디씩 불러봅니다
PTSD를 얻었던 인턴 시절 숙소를 같이 썼던 동기들의 이름과
맷 보머, 루크 에반스 이런 잘생긴 이국 남자들의 이름과
벌써 아기 어머니 되어 SNS를 도배하는 친구들의 이름과
우리 고양이 초코, 라온, 강아지 써니, 루나, 다래, 맹, ㅎㅎ, 뽕근이
이런 친구들의 이름을 불러봅니다

이네들은 너무나 멀리 있습니다
별이 아스라이 멀듯이.

야간 항해의 묘미는 바로 탁 트인 바다에서 바라보는 밤하늘!

지금은 없어졌지만, 나는 예산여자고등학교 아마추어 천문동아리 '별곱빼기'의 창시자 겸 스스로 임명한 초대회장이다. 시골에서 자란 탓에 맑은 날이면 언제나 은하수를 볼 수 있었고, 꼬맹이 여자애 혼자 겁도 없이 별지도와 손전등을 들고 어두컴컴한 뒷산 밑이나, 으슥한 곳에 주차되어 있는 트럭 뒤에 누워서 별을 보곤 했었다. 요즘 같은 무서운 세상엔 엄마한테 등짝 스매싱을 한 대 맞을 일이지만, 별을 보는 데 불빛은 치명적이다. 반달이라도 뜨는 날엔 그날 볼 수 있는 별의 반 이상이 가려지게 된다. 그러니 아무것도 없이 탁 트인 바다 위에서 보는 별은 강원도 뺨치는 시야를 자랑하는데다가, 배가 바다를 가르며 찰싹대는 BGM까지 깔리면 굳이 애쓰지 않아도 누구나 시인이 되고 신선이 된다.

하늘에 야광충이 가득하다고?!

이제는 어느 정도 야간 불침번에 익숙해지니 점점 더 눈은 하늘을 향한다. 아, 이렇게 별을 보고 한없이 멍 때리며 누워 있었던 적이 언제인가. 아직 밖에 나와 있기엔 바닷바람이 차다. 몸은 브릿지에 누이고 밖으로 고개만 빼꼼 내밀어 하늘을 바라보면 마스트 위에 별이 쏟아지고, 마치 요람처럼 파도에, 너울파도에 배가 살랑살랑 흔들리며 마스트와 별들도 같이 살랑살랑 흔들린다.

"동오야, 그런데 하늘에 야광충이 가득했어……."

12월 14일, 둔마 삼촌이 야간 불침번을 서고 나서 이해할 수 없는 한마디를 던지셨다. 아니, 바다에 있는 야광충이 어떻게 하늘에 있다는 말인가. 무슨 말씀인지 한참을 생각하고 토론한 끝에 같이 불침번을 섰던 막내의 증언으로 야광충이 아니라 별똥별이었음이 밝혀졌다. 하늘에서 별똥별이 떨어지는 것이 마치 배가 야광충 가득한 바다를 가르며 지나갈 때의 물길 모양 같아서 그렇게 말씀하신 것이었다.

마침 우리 야간 항해 기간에 페르세우스 유성우 다음으로 큰 유성우인 쌍둥이자리 유성우의 극대기가 포함되어 있었다. 막내가 별똥별을 한 번도 못 봤다고 하길래 고등학교 때 기억을 되살려 유성우가 있으니 꼭 챙겨보라고 알려주고 나서, 정작 나는 쿨쿨 자고 있었던 것이다. 그렇게 나만 빼고 둔마 삼촌과 막내는 별똥별이 한 시간에 100개씩 떨어지는 장관을 시야가 탁 트인 바다 위에서 감상하게 되었다. 내가 이런 고급 정보를 알려줬건만 그런 장관을 둘이서만 보다니, 배신자가 따로 없다. 막내 이감독은 여행에서 돌아오고 나서도 이 얘기가 나올 때마다 배신자 신세를 면치 못했다.

그런데 둔마 삼촌이 말한 야광충은 무엇인가? 우리나라 바다에서도 볼 수 있는, 특히 서해와 남해에 많이 서식하는 1~2mm 크기의 원생동물, 우리가 흔히 말하는 플랑크톤의 한 종류이다. 물리적 자극을 받으면 세포질 안에 발광하는 알갱이가 있어서 반짝반짝 빛이 난다. 구○님이나 네이○님에게 물어보면 아래 야광충 사진처럼 마치 CG 같은 사진을 몇 장 볼 수 있을 것이다.

야광충 구경은 밤하늘에 쏟아지는 별빛에 버금갈 정도로 야간 항해의 묘미 중 하나인데, 배가 바닷물을 스치고 지나가면서 반짝이는 빛이 잠시 나타났다가 이내 사라진다. 금세 사라지는 것이 못내 아쉬워 바다를 가르는 뱃머리 앞에 엎드려 한참을 바라보기도 하고, 그러면 안 되지만 로프

바닷속의 별, 야광충

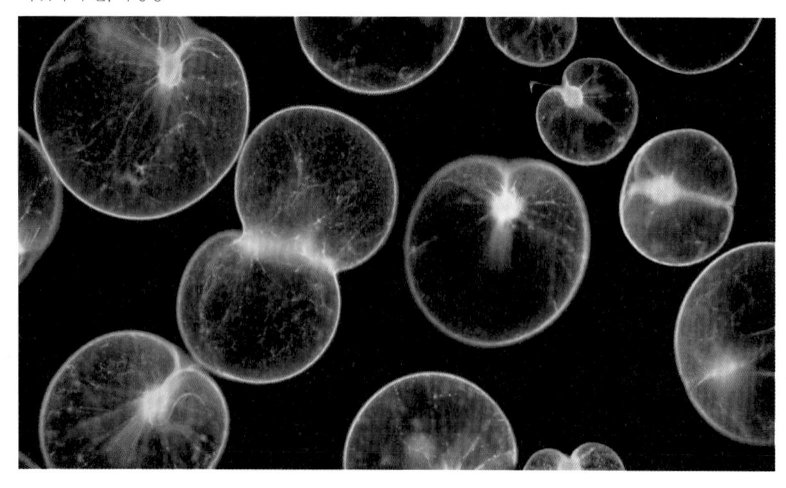

를 살짝 내려뜨려보기도 한다. 나는 아직 요트를 타면서 야간에 스쿠버 다이빙을 해본 적은 없다. 그러나 베테랑 다이버인 바람 삼촌 말씀에 따르면, 야간에 입수하고 플래시를 끄면 내뿜는 공기방울 모양으로 야광충이 빛나고, 손을 휘저으면 따라서 반짝이는 불빛에 취해 껌껌한 바다 속에서 막춤을 추기도 한단다.

이것이 야간 항해의 맛! 반짝반짝 보석 같은 야광충의 추억

"지예야~~ 이리 와봐라~."

오키나와에 도착해서 묘박항구에 정박하지 않고 닻을 내려 머무는 것을 할 때다. 바람 삼촌이 불러서 콕핏 뒤로 나갔더니 오 마이 갓! 삼촌이 말 그대로 뜰채로 바다에서 별빛을 떠올리고 있었다! 그동안 몇 차례의 야간 항해를 거치면서 야광충을 종종 보곤 했지만 이건…… 잠시 말을 잊었다가 이내 "꺄아아~" 돌고래 비명을 질러 민폐를 끼치고 만다.

나는 사실 보석류를 별로 좋아하지 않지만, 이렇게 예쁘게 반짝이는 걸 보면 나도 같이 발광하게 된다. 뜰채, 양동이, 손, 발, 물속에 넣을 수 있는 거의 모든 것들을 넣고 흔들면서 헤르츠와 데시벨을 대폭 낮춘 소리를 질러가며 두 시간 가까이 콕핏에 쪼그리고 앉았다.

파도가 들어오지 않는 오키나와 남쪽의 작은 만. 호수처럼 잔잔하다 못해 거울 같은 바다 위에 벗삼아호가 떠 있고, 나는 배 끄트머리에 걸터앉아 보이지 않는 반짝이는 생물체들과 함께 놀고 있다. 이것이 CG인가, 내가 CG인가, 꿈을 꾸는 건가. 마치 초현실주의 작품 속에 들어와 있는 것 같았다. 지금 생각해보면 왜 그때 물속에 들어가서 놀 생각을 못했는지 아쉽기 짝이 없다. 역시 한 번 지나간 순간은 다시 돌아오지 않으니, 놀 때 최선을 다해 놀아야 한다!

말로 표현할 수 없는 야간 항해의 묘미를 전달하려니, 허접한 내 글 솜씨로는 금방 한계에 부닥친다. 하지만 너무 황홀하게 표현하면 보지는 못하고 읽을 수밖에 없는 독자들이 괴로울지도 모르니 차라리 잘됐다고 위안 삼으며 이만 자랑을 마쳐야겠다. 아무튼, 이건, 야간 항해를 해보지 않은 사람들은 절대로 모를 맛이다!

아시아의 하와이, 오키나와의 매력 속으로

심지예 대원 | 인절미 |

오키나와에서의 흥겨운 첫날

가고시마를 떠난 이후 한동안 머리털 나고 들어보지도 못한 섬들을 일주하다가, 드디어 익숙한 섬 오키나와에 도착했다. 굳이 아시아의 하와이라는 수식어를 갖다 붙이지 않아도 이름부터 아열대 느낌이 팍팍 나는 오키나와에 가면 바리바리 싸온 여름옷들을 입을 수 있을 거라는 일말의 기대는 도착 즉시 찬바람에 날아가버렸고, 나는 오키나와 여행 끝까지 패딩을 벗지 못했다.

오키나와 기노완 마리나는 지금까지 본 마리나 중에 가장 규모가 컸다. 어딜 가나 우리 배가 제일 간지 나고 멋있었는데, 여기 와보니 카타마란도 있고 우리 배보다 큰 배들도 있었다.

과연 오키나와는 큰 도시였다. 한동안 작은 시골 섬 여행의 소소한 재미에 푹 빠져 있다가 오랜만에 맛보는 문명의 이기였기에 다들 조금씩은 넋이 홀리고 말았다. 게다가 첫날부터 사먹고 반했던 그곳 특유의 자색 고

오키나와 기노완 마리나는 지금까지 본 마리나 중에서 가장 규모가 컸다.

구마 아이스크림이 오키나와 여행 내내 곳곳에서 유혹적인 자태를 내뿜는 바람에 평생 처음 보는 몸무게와 연일 계속되는 몸무게 갱신에 혁혁한 공을 세우고 말았다.

대원들은 코인 세탁소에 가서 밀린 빨래도 돌리고, 바람 삼촌과 나는 언제나 즐거운 마트 쇼핑에 나섰다.

"아, 나는 여자로 태어났어야 했나?"

일본 특유의 아기자기한 소품을 만지작거리던 바람 삼촌의 한마디에 오늘도 빵 터지고 말았다. 미군 부지를 반환받아 만들었다는 아메리칸 빌리지는 때마침 크리스마스를 앞두고 있어 상점마다 크리스마스 분위기가 넘쳐흘렀고, 가운데 수로를 따라서 반짝이는 크리스마스 장식들은 멀리 보이는 관람차와 무척 잘 어울렸다. 야쿠시마 이후로 지나다니는 한국인

화려한 오키나와의 저녁 풍경

관광객들을 보니 이곳이 유명 관광지임을 다시 한 번 실감하게 된다.

오키나와에서의 첫날 저녁은 오랜만에 다 같이 근사한 외식을 하기로 했다. 가끔 이렇게 외식을 할 때가 있는데, 이러면 그날의 식사 당번은 땡 잡은 거다. 아무도 뭐라고 하지는 않았지만, 겉보기로는 XX 유전자를 갖고 있는 탓에 왠지 요리를 좀 해야 할 것 같은 은근한 부담감이 있었다. 그러나 건장한 여덟 대원들의 하루 세 끼를 신경 쓴다는 것은 보통 일이 아니었다.엄마, 죄송해요ㅎㅎ 식사 당번이 정해지고 두 명씩 짝을 이루어 그때그때 벗삼아호 주방장이 되지만, 식재료가 한정되어 있고 살림을 제대로 해 본 사람이 없으니 할 수 있는 음식도 제한적이다. 상황이 이렇다 보니 여행 중반쯤 되자 오늘은 뭘 먹지 하는 고민이 자연스럽게 시작된다.

류큐 왕국의 왕들이 살았던 궁전, 슈리 성 앞에서

어쨌든 여기는 이름부터 아메리칸 빌리지이니, 미국 물 든 음식으로 골라 스테이크 집에 들어섰다. 1인 1스테이크를 시켜 마치 만화에 등장하는, 양손에 술잔과 고기를 든 바이킹처럼 엄청난 양의 고기로 배를 채웠다. 이어진 4 : 4 볼링 매치에서 진 팀이 사주는 아이스크림을 하나씩 얻어먹으며또 먹어!!! 오키나와에서의 흥겨운 하루를 마무리했다.

옛 류큐 왕국의 흔적이 살아 있는 곳

과거 오키나와는 류큐琉球 왕국이라는 독립국이었다. 일본과 중국 양쪽 모두에 조공을 바치면서 독립을 유지하다가 1872년 일본의 식민지가 되었다. 1945년 오키나와 전투를 거쳐 27년간 미국의 지배를 받다가 1972년 다시 일본에 반환되어 현재는 오키나와 현에 속해 있다. 작은 섬이 미국, 중국, 일본 세 나라 사이에 끼어 있는 것이 왠지 우리나라의 축소판을 보는 것 같았다.

오키나와 현지인과 대화를 나눠볼 기회가 없어 사실인지 모르겠지만, 오키나와 사람들은 일본에 소속감이 덜하다고 한다. 이방인인 내가 느끼기에도 어딘가 모르게 그동안 거쳐왔던 일본과는 다른 느낌을 받았다. 언어도 달라서 우리나라 제주도 말처럼 일본인들이 알아듣기 힘들 때도 있다고 한다.

음식도 이곳에서만 볼 수 있는 신기한 것들이 있었다. 길을 잘못 든 것인지, 공동묘지를 헤매다가 겨우 찾아낸 어느 한 카페에서 이름도 귀엽기 그지없는 부쿠부쿠 차를 마셨다. 생긴 것도 귀여운데, 목욕 거품처럼 봉글봉글 솟아오르는 가벼운 거품이 솜사탕처럼 찻잔 위로 올라와 있다. 원래 경사스러울 때 마시는 차라고 하는데, 귀여운 이름과 외모와는 달리 차 맛은 약간 심심하고 담백했다.

부쿠부쿠 차

우미부도

또 한 가지 신기했던 먹거리는 바다포도라는 우미부도. 말 그대로 sea grape다. 생긴 것도 정말 포도처럼 생겼는데, 입 안에서 톡 터지면서 짭조름한 맛이 해조류의 정체성을 깨닫게 해준다. 모양이나 식감이 캐비어 같다고 해서 그린 캐비어라고도 불린다는데, 캐비어를 제대로 먹어본 적이 없어서 그 맛은 잘 모르겠고 그냥 포도가 더 어울리는 이름인 것 같다. 우리는 시장에서 발견해서 바로 씹어

먹었는데, 그냥 먹기에는 좀 짠 것 같고 초밥이나 샐러드와 같이 먹으면 더 맛있을 것 같았다.

류큐 왕국의 왕들이 살던 곳이라는 슈리 성도 일본의 성들과는 다른 모습이었다. 주로 붉은색의 건물로 이루어져 있고 중국풍도 살짝 나는 것 같다. 나와 동오 오빠는 슈리 성 스탬프를 다 찍어서 선물을 받겠다고 이리저리 뛰어다녔는데, 결국 선물이란 건 스티커 한 장게다가 별로 예쁘지도 않다! 이어서 실망을 감추지 못했다.

오키나와 체험 놀이 – 먹고, 마시고, 만들고……

오키나와의 마지막 날은 다시 우리 대원들끼리 관광에 나섰다. 이전부터 말썽이었던 배의 엔진을 고치기 위해 멀리 한국에서 이원부 박사님의 인턴이 출장을 왔다. 출항하기 전 하루 종일 침대를 들어내서 엔진을 고쳐야 하는데, 우리 8명이 다 있을 필요는 없으니 선장님께서 우리끼리 관광을 하고 오라고 흔쾌히 보내주신 것이다. 선장님과 항해가 님, 바람 삼촌께는 죄송했지만, 기왕 이렇게 된 거 죄송하고 감사한 만큼 신나게 놀고 오기로 하고 새벽같이 차를 몰고 나섰다.

"으악! 맥콜에 파스 탄 것 같은 이 맛은 뭐지?"

오키나와는 유명한 관광지라서 아는 사람은 '파스 맛!'만 들어도 바로 알아차렸겠지만, 이 이상한 맛의 정체는 바로 non-alcoholic beer인 루트비어 맛이다. 인터넷에 굶주린 우리들은 와이파이를 찾아서 일본 내 오키나와에만 있다는 A&W에 가서 아침부터 불량한 패스트푸드를 흡입했다. 여기는 루트비어로도 유명한 곳인데, 나는 이 참신한 맛에 당최 적

오키나와 체험 놀이. 길거리 음식 체험, 조개껍질 공방 체험학습, 도넛 만들기에 도전!

응을 할 수가 없었다. 이 와중에 동오 오빠는 미리 챙겨온 보온병에 루트 비어를 담으신다. 역시 너무 귀여우심!

사실 벗삼아호는 정말 럭셔리한 요트라서 따뜻한 물도 팍팍 나오고 생활에 아무런 지장이 없지만, 오늘같이 아침 일찍 나오는 날엔 주무시는 분도 있고, 두 개 있는 화장실을 번갈아 쓰다 보면 마음 놓고 매일 샤워를 하기는 어렵다. 그래서 나와 막내 이 감독은, A&W 화장실에서 머리를 감고 핸드 드라이어에 머리까지 말리는 만행을 저지르고 만다. 이건 여행 끝난 후 벗삼아호 모임 때도 얘기 안 했던 건데, 이런 일을 저지르는 것도 모자라 셀프 카메라로 만담을 녹화해 증거까지 남기는 주책을 보였다.

상쾌한 기분으로 다음 목적지인 무라사키무라라는 곳에 도착했는데, 이곳은 15세기 류큐 마을을 재현한 테마파크로 101가지 체험을 할 수 있는 곳이다. 너무 일찍 온 탓인지 입장할 땐 우리밖에 없었고 닫혀 있는 공방도 많았지만, 한적하게 둘러볼 수 있어서 오히려 더 좋았다. 제주도와 비슷한 돌담길을 따라 수호신 시샤들이 놓여져 있었는데, 이곳 공방에서 관광객들이 만든 것인지 제각기 다른 모습이다.

한 바퀴 둘러보고 각자 원하는 체험을 하기로 했다. 둔마 삼촌, 동오 오빠, 병진 오빠는 조개껍질 공방에 들어갔는데, 수염이 덥수룩한 산적 같은 남자 셋이서 작은 조개껍질을 만지작거리고 있는 모습이 재미있다. 하긴 동오 오빠는 해변가에 갈 때마다 종종 예쁜 조개를 주워서 "이거 예쁘지 않나?"며 나한테 내밀곤 했다. 우리들끼리 둔마 삼촌이 중간에 없어지면 사진을 찍고 계실 거라고 얘기했는데, 동오 오빠 역시 중간에 없어지면 어디선가 예쁜 조개껍질을 줍고 계신 것이다.

나는 시샤 만들기와 음식 만들기 중에 고심하다가 사타안다기라는 오키나와 도넛 만들기 체험을 하기로 했다. '사타'는 설탕, '안다'는 기름, '다기'는 튀김이라는 뜻으로, 설탕으로 만든 걸 기름에 튀겼다는 뜻이다. 기름에 튀기면 신발도 맛있다던데, 적어도 실패하진 않겠지? 일대일로 재료 준비부터 일본인 선생님이 강습을 해준다. 나는 도대체 이게 일반 도넛과 뭐가 다른지 너무 궁금해서 영어로 물어봤지만, 내 말을 이해하신 건지 아닌지 일본어로 대답하셔서 알아듣는 척할 수밖에 없었다.

반죽을 튀기고 한 김 식혀 먹어보니 내가 만들어서 그런지, 아님 여행 중이라 그런지 정말 맛있었다! 밀가루, 설탕, 계란이 들어갔을 뿐인데 신기하다. 맥주는 물맛이고 와인도 테루아토양, 품종, 기후 등 포도주가 만들어지는 자연 조건을 포괄하는 단어라는데, 아무래도 오키나와 흑설탕과 재료들이 한몫을 한 것 같다.

우연히 발견하는 소소한 즐거움, 이것이 여행의 참맛!

오키나와는 유명 관광지답게 갈 곳도 많고 할 것도 많다. 오키나와 본섬만 관광하는 데 3일 정도밖에 시간이 없었으니 주요 관광지만 둘러보기에도 시간이 빠듯하다. 남들 다 가는 관광 코스를 간다고 여행을 못하는 것도 아니고, 새로운 곳만 찾아 나선다고 여행을 잘하는 사람도 아니다. 그저 여행을 하면서, 하고 나서 행복했으면 그것으로 성공한 거라고 생각한다.

그러나 오키나와에서의 마지막 날을 보내며 한 가지 아쉬웠던 점은 주

시장을 둘러보며 이것저것 사다 보니 푸짐한 한상차림이 되었다.

변의 작은 섬들을 둘러보지 못했다는 것이다. 비교적 가까워 스노클링 포인트로 유명한 민나 섬 말고도 서쪽의 케라마 제도는 20여 개의 섬들로 이루어져 있다. 정기 여객선으로 한두 개의 섬 정도 둘러볼 수 있겠지만, 우리는 요트가 있으니 맘만 먹으면 유인도든 무인도든 아무 데나 가볼 수 있었다. 일주일이나 열흘 정도 있었다면 정말 보석 같은 곳을 발견할 수도 있었을 거라는 아쉬움이 남는다.

쭉 뻗은 해안도로를 따라 시원하게 드라이브를 한 뒤 지나가다 들른 시장은 의외의 즐거움을 주었다. 역시 여행의 묘미는 계획하지 않았던 곳에서 마주하는 소소한 즐거움이다. 휴게소 비슷한 온나노 에키 나카유쿠이 시장에 들렀는데, 오키나와 소바를 비롯한 온갖 특산 음식들을 파는 가게가 줄지어 있었다. 여기저기서 하나씩 사다 보니 푸짐한 한상차림이 되어 버렸다. 배에서 우리를 기다리고 계실 선장님, 바람 삼촌, 항해가 님을 위해 달다구리한 과자를 한 봉지 사고, 맛있었던 음식 몇 가지를 포장해서 집(?)으로 향한다.

언젠가부터 하루 일정을 마치고 배로 돌아가는 기분이 꼭 집으로 돌아가는 것 같은 느낌이다. 친구라면 한 번쯤 기분이 상할 때도 있었을 텐데, 진짜 가족보다 더 많은 시간을 함께 먹고 자고 하면서 한 번도 트러블이 없었던 것이 신기하다. 벗삼아호 가족이라는 말이 이제는 어색하지가 않다.

진짜 가족보다 더 많은 시간을

함께 먹고 자고 하면서

한 번도 트러블이 없었던 것이 신기하다.

벗삼아호 가족이라는 말이 이제는 어색하지가 않다.

오키나와 영상

절벽에 세워진 오키나와의 잔파곶 등대

"만약 우리가 그 무엇도 시도할 용기조차 없다면

인생은 대체 무엇이겠는가?"

-빈센트 반 고흐

첫째도 안전, 둘째도 안전!
-오키나와에서의 모터 수리

유비무환, 철저한 점검이 위험을 막는다

가고시마 진입 전부터 문제가 있던 모터 수리와 추후 발생할지도 모르는 사태에 대비하기 위하여 마린크래프트의 이원부 박사팀에 요청해 그가 보관하고 있던 우리 배 예비모터와 컨트롤러를 오키나와 기노완 마리나로 보내줄 것을 부탁했다. 가고시마 마리나에서 표 항해사와 함께 수리했던 기존 모터는 근 500마일을 항해하는 동안 고장 없이 잘 버텨주었지만 전문가의 점검이 필요했다. 마린크래프트 이원부 박사팀은 내가 알기론 우리나라에서 요트를 알고 수리할 수 있는 능력을 갖춘 거의 유일한 회사가 아닌가 싶다.

요트의 수리는 자동차 정비와는 사뭇 다르다. 잘못되면 바다에서 큰 사고로 이어질 수 있기 때문에 실력 있는 사람들이 보수를 해야 하는데 현실은 그렇지 못하다. 무조건 일을 맡고 엉터리로 처리하여 문제를 키워서 나 같은 아마추어 요티를 당혹스럽게 만들기 일쑤다. 우선 영문 매뉴얼을 읽고 이해할 수 있어야 한다. 대개 이 부분이 안 된다.

수년 전 미국에서 직류발전기를 직수입하여 배에 설치했다. 기계적 설치는 설명서에 따라서 설치하면 된다. 문제는, 엔진과 발전기 제어를 그래픽 유저스 인터페이스GUI 기능을 이용하여 조정이 가능한데, 인터넷 원격 접속 기능을 쓰면 미국의 제조사가 이를 다 해결해주기도 한다.

일을 맡았던 사람들이 이런 장비를 처음 다뤄보는지라 시동을 걸지 못했다. 결국 장거리 독도-울릉도 구간 항해에서 새로 구입한 좋은 장비를 이용하지도 못하고 기존 발전기로 힘겹게 끝내고 다시 부산으로 돌아왔을 때 이원부 씨가 이를 해결해주었다. 또 모터에 문제가 생겼을 때 많은 돈을 들여 초빙했던 부산의 모터 전문 기술자는 두 개의 직류모터를 두 개의 컨트롤러로 돌려야 하는 싱크로나이즈 문제를 해결하지 못하고 공연히 컨트롤러만 태워먹고 물러났다. 그것도 이원부 박사팀이 해결해주었다.

예를 하나만 더 들자면, 기존에 쓰던 발전기를 동남아 항해를 위해 완벽하게 보수해 가지고 가려고 수리를 맡겼는데, 공연히 엔진 부품만 몇백만 원 들여 교체하고는 해체 때 문제가 생겨 발전기를 통째로 쓰지 못하게 만드는 바람에 이번 여정에 그 중요한 장비를 사용하지 못하고 배에서 제거한 후 출항했었다. 좋게 생각하면 값진 경험이지만 얼마나 화가 나는 일인가. 이것이 우리나라 요트 업계의 현실이다. 배에 관한 한 그야말로 모든 것을 스펙대로, 규정대로 해야 한다. 볼트, 너트 한 개라도, 배에 쓰는 작은 밸브 한 개라도 꼭 정한 규격을 써야 한다. 잘못 쓰면 녹슬고 망가져 다시 교체하려면 돈은 돈대로, 시간은 시간대로 든다.

선박 검사와 허가를 주관하는 기관도 정말 달라져야 한다. 우리 배 선박 증명서를 발급받을 때의 일이다. 멀쩡한 그리고 국제적으로 명성이 있고 그 내구성과 기능이 요트업계에서 오랫동안 인정된 무전기, 구명 뗏목 등을 우리나라에서 인증받지 않은 장비라고 허가를 내줄 수 없다고 하여 그 비싼 장비를 쓰지도 못하고 그보다 못한 국산 장비를 사서 부착해야 했다. 새로 설치한 그 장비들은 바닷바람과 염수에 2년도 못 가서 안테나와 내장 부품이 부식되었다. 모두 자기들만의 밥그릇 챙기기, 금권과 권력에 의한 인증기관 로비로 합리적이고 실용적인 가치들은 땅에 떨어지고, 그 결과 대형 해상사고가 잊을 만하면 터지는 것이다.

준비된 자만이 항해를 즐길 수 있다

12월 11일 기노완 마리나에 입항하고 그 다음날이 되어 마린크래프트 직원인 림이란 친구가 모터와 컨트롤러를 가지고 우리 배에 도착했다. 림은 이 박사 밑에서 인턴 교육 중인 말레이시아 친구로, 평소 말이 없고 차분한 성품이다. 아침에 대원들은 모두 오키나와 시내 관광을 떠나고 나와 항해사 그리고 둔마 씨가 남아 림과 함께 모터 점검에 들어갔다. 우선 기존 모터와 기존 컨트롤러를 이용하여 매뉴얼대로 튜닝을 해가며 상태를 점검했다. 프로펠러의 RPM을 점검하고 전류를 측정하는 방식으로 완전하게 두 모터가 한 몸처럼 돌도록 조치했다. 다음엔 모터를 새로 가져온 예비 모터로 바꾼 뒤 같은 방법으로 테스트하여 예비품이 배에서 완벽하게 동작하는지를 점검했다. 정상 작동된다.

정박된 상태에서 프로펠러를 돌려 시운전하는 것은 바다 위에서 직접 운항하며 시운전하는 것과 사뭇 다르다. 정박 상태에서 시운전할 때도 만일을 대비해서 배를 잘 묶어놓고 해야 한다. 이번에도 둔마 씨가 많은 도움을 주었다. 배터리, 트로틀, 암미터전류계, 모터, 컨트롤러를 함께 모니터하면서 시험을 해야 하므로 둘이서는 힘든데 분주히 브릿지와 선실을 오가며 도와주어 쉽게 일을 마무리 지을 수 있었다.

모터의 상태는 오히려 기존 모터가 더 나았다. 우리는 기존 모터를 계속 쓰기로 하고 예비 모터와 교체한 후, 예비 모터에 습기가 들어가지 못하

나와 항해사 그리고 둔마 씨가 남아 림과 함께 모터 점검에 들어갔다. 차분하게, 기본을 지키며 합리적인 절차대로 문제를 해결해준 림에게 다시 한 번 감사의 인사를 전하고 싶다.

모터 공수 작전

게 플라스틱 랩핑재로 완전히 밀봉한 후 데크 창고로 옮겨 보관했다.

이제 한시름 놓았다. 어디서든 모터에 문제가 생기면 예비 모터와 컨트롤러로 교체하면 된다. 이것이 하이브리드 요트의 장점이다. 예비로 디젤 인보드 엔진을 통째로 가지고 다닐 수는 없는 일 아닌가. 우리 배의 모터 무게는 60kg, 거기에 반해서 컨트롤러 무게는 불과 0.5kg이다. 이 두 개가 거의 20톤 거구의 카타마란을 움직인다.

모터와 컨트롤러를 모두 부착하고 정비가 끝난 시점에서 왜 지난번 가고시마 근처에서 컨트롤러 전력 케이블이 녹았을까를 고민하던 우리에게, 림이 유심히 장비를 점검하더니 내게 모터가 가동되는 상태에서 케이블을 만져보란다. 모터 쪽 터미널 주변의 전력선은 미지근한데 킨드롤러 쪽 터미널 주변의 케이블은 뜨거워 만질 수가 없었다. 림은 그것이 원인일 거라고 말하며 전원을 내린 후 케이블 점검에 들어갔다. 그의 예상대로 컨트롤러와 연결되는 쪽 10여cm의 케이블이 탄화되어 그 원인으로 열이 과다하게 발생되고 있었다. 탄화된 케이블은 마침 전선의 길이가 충분해 말단 부위를 잘라내고 다시 연결해 시운전을 하니 과열 현상이 씻은 듯 사라졌다. 차분하게 문제점을 찾아내는 림에게 박수를 쳐주고 싶었다. 허세를 부리지 않고 기본을 지키며 하나하나 합리적인 절차대로 일을 처리하는 것이 참 마음에 들었다.

저녁 무렵 시내 관광에서 돌아온 대원들이 장비가 정상화된 것을 보며 기뻐했다. 배 안에서 멋진 저녁식사가 준비되었고, 특별히 그동안 일본 친구들에게 선물받은 사케와 시원한 맥주를 원없이 풀었다. 나도 모처럼 근심을 털어내고 못하는 술을 두 잔이나 마셨다.

식사 후 림은 과열로 녹아버린 컨트롤러를 고쳐보겠다며 우리 배에 있는 납땜 기계를 요청했다. 그가 조심스럽게 컨트롤러를 분해하여 각각의 전자부품들을 점검하고, 녹아 끊어진 실핏줄 같은 선들을 납땜하며 수리하는 과정을 지켜보면서 젊은 친구가 참 대견하다는 생각이 들었다. 문득 공부에 여념이 없을 내 아들이 떠올랐다. 지금은 연구소에서 자기 공부하느라 남들도 다 즐기는 아버지의 요트에 승선할 기회조차 없지만, 머지않아 아들이 이 배를 몰게 되면 전기·전자 지식에 해박한 아들 덕에 이런 종류의 배 수리에 대해선 걱정 내려놓고, 아들이 모는 배에 편히 앉아 커피나 마시며 뱃삼아호를 즐길 수 있겠지.

컨트롤러도 수리가 끝났다. 모터에 걸어 시운전을 해보니 문제가 없다. 이로써 화근거리에다 자칫 조기에 항해를 포기할 뻔했던 추진기관 수리가 모두 마무리되었다.

홍길동,
그가 건너간 바닷길을 달리다

홍길동의 나라를 찾아서

요론 섬의 한국 아주머니로부터 홍길동의 이야기를 들었다. 오키나와에서 북서쪽으로 50마일 떨어진 곳에 있는 구미도구메지마가 홍길동이 왕으로 살던 곳이라는 이야기였다. 『홍길동전』 말미에 아래와 같은 이야기가 나온다.

길동이 성중城中에 들어가 백성을 달래어 안심시키고 왕위에 오른 후, 예전 율도왕으로 하여금 의령군에 봉했다. 마숙과 최철을 각각 좌의정과 우의정을 삼고, 나머지 여러 장수에게도 각각 벼슬을 내리니, 조정에 가득 찬 신하들이 만세를 불러 하례했다. 왕이 나라를 다스린 지 3년에 산에는 도적이 없고, 길에서는 떨어진 물건을 주워 가지지 않으니 태평세계太平世界라고 할 만하였다.

구글을 검색해보면 율도국은 지금의 오키나와를 말한다고 나와 있다. 또한 오키나와에서 호족으로 있던 오야케아카하치라는 인물이 홍길동으로 추측되며, 이 인물이 『홍길동전』의 배경과 같은 시대에 이시가키 섬에서 왕 노릇을 했다고 되어 있다. 재미있는 것은 그의 다른 이름이 '홍가와라', 즉 홍가왕洪家王이라는 점이다.

결국 오키나와-구메지마-이시가키-미야코지마 섬이 사방 50마일씩 떨어져 위치하므로, 그가 이 지역으로 와서 적어도 이들 섬의 왕 노릇을 한 것으로 보인다. 우리 남해안에서 400마일 떨어진 곳이니, 조선시대 항해 기술로 10월 말 계절풍을 따라 내려가면 4일이면 도착할 거리 아닌가.

이 글을 쓰면서도 내내 가슴이 아프다. 소설에서처럼 그때 오키나와와 여러 개의 부속 섬을 우리 땅에 편입시켰다면 얼마나 좋았을까? 예나 지금이나 백성은 죽든 말든 당파 싸움에 날이 새는 줄 모르고, 한 치 앞도 내다볼 줄 모르는 우물 안 개구리 같았던 위정자들 때문에 나라까지 빼앗겼던 우리 근대사를 보는 슬픔이여!

망보기마저 낭만이 되는 평온한 바닷길 항해

오키나와 기노완 마리나에서 출항 직전 대원들과 항해 브리핑을 가졌다. 구메지마를 들르면 좋았겠지만 바람 방향이 맞지 않아 이곳에서 170마일 떨어진 미야코지마로 가는 것으로 결정했다. 뒷바람이어서 항해가 편하고, 두 섬의 자연환경이 비슷하여 굳이 돌아갈 이유가 없었다.

14일 아침 7시쯤 일찍 출항하는데, 우리 배와 아마미 섬에서부터 줄곧 같이 항해하며 내려왔던 홋카이도의 요트 가족 나가코 미키오 씨가 뱃전에 나와 우리를 배웅해주었다.

이곳 일본 섬들은 해안선을 따라 산호초가 발달한 지역이어서 아무리 큰 항구라도 드나들 때 특히 좌초를 조심해야 한다. 기노완 마리나에서 나오는 수로도 적정 수심을 유지하기 위해 산호초를 일부 준설하여 만든 뱃길이므로 항로 표지 부표를 잘 보고 그 길만 따라가야 깊은 수심에 이를 수 있다. 우리가 쓰는 해도海圖는 미국의 네비오닉스인데, 동아시아 버전을 60만 원을 주고 구입하여 플로터에 깔았으나 너무도 허접하여 이런 까다로운 해안에서 절반은 장님 노릇을 해야 한다. 다행스럽게 표 항해사가 태평양을 횡단할 때 사용해서 그 기능이 입증된 open cpn 3.2.2 프로그램과 구글어스 지도를 함께 중첩시켜 보니 우리가 가는 곳의 바다 모양과 깊이가 제법 선명하게 나와 유용하게 사용할 수 있었다.

미야코지마 가는 길에 잡은 참치

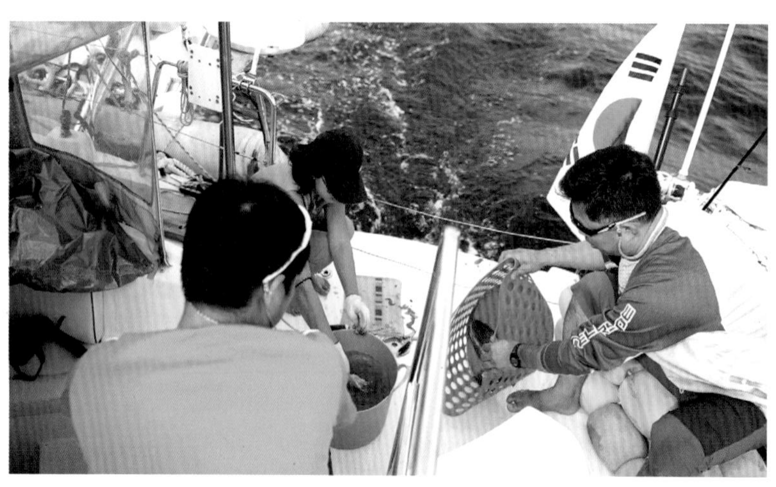

회 뜨는 실력 좀 발휘해볼까?

난바다로 나와 돛을 올리고 보니 맑은 날씨에 바람도 적당하다. 미야코지마까지 170마일, 34시간 예정이어서 내일 저녁때쯤 섬에 닿을 것이다. 직류발전기와 교류발전기를 상황에 따라 교대로 가동하며 범주를 겸해 최저속도를 6노트 언저리에 오도록 조정해서 배를 몰았다.

사실 바닷길 찾기는 육지의 내비게이션과는 비교도 안 될 정도로 간단하다. 그저 GPS 상에 나와 있는 우리 배의 위치를 기준으로 내가 가고 싶은 목적지주로 way point 혹은 WP를 클릭해보면 그곳까지의 방위와 거리가 나온다. 이를 기준으로 자동항법장치를 가동하고 원하는 방위각만 입력시켜놓으면 배는 자동으로 목적지를 향해 나아간다.

견시망보기를 하는 브릿지의 근무자는 배의 진행 방향에 혹시 고깃배가 쳐놓은 그물이 있는지 바다의 부표를 보며 확인하고, 우리와 조우할 수 있는 모든 선박들의 위치와 진행 방향, 속도 등을 AIS 혹은 레이더로 확인 후 장애물과 맞서기 전에 변침하여 피해나가고, 다시 원래 가려던 목표 쪽으로 재설정하면 된다.

이런 일련의 조종들이 단지 손가락 하나로 오토파일럿 패드의 버튼만 가볍게 꾹꾹 눌러주면 되는 일이라 여간 간단치 않다. 물론 바람이 바뀌면 돛폭이 펄럭이고 속도가 떨어지므로 돛줄을 풀어주거나 조여주어야 한다. 또 바람이 세져서 돌풍이 불 것이 예상되면 바람 속도에 맞춰 돛의 크기를 조정해줘야 하는데, 이 일은 쉽지 않기 때문에 반드시 전문가의 지시대로 협동 작업을 한다. 따라서 항해 중 견시는 별로 하는 일 없이 바다 구경하고, 맛있는 것 만들어 먹고, 함께 이야기하는 휴식시간의 연장이라고 보는 것이 옳다.

내가 아는 스위스 요티인 앨런은 뉴질랜드에서 일본까지 단 한 항차로 올라왔다. 그가 말하길, 두 달 동안 혼자 자고 먹고 견시하며 항해하는 것이 어려울 듯하지만, 사실 배에서는 할 일이 많아 그렇게 지루하지도 않단다. 물론 동체가 하나인 대부분의 요트는 바람으로 항해할 때 삐딱하게 기울어져 나아가고, 갑판 공간이 좁기 때문에 조심해야 한다. 또 순풍을 뒤로 받고 갈 때 배를 기준으로 바람 방향이 좌우로 조금이라도 바뀌면 예측불허의 상황으로 와일드 자이빙이라는 급격한 선체 회전이 일어나 사람이 배 밖으로 떨어지는 사고가 일어날 수 있다.

하지만 우리 벗삼아호는 꿈의 카타마란이다. 선체 폭이 8m에, 썰매 모양의 좌우에 선실이 있어 배가 안정적으로 수평을 유지하기 때문에 특별히 궂은 날씨를 제외하고는 구명복이나 하네스 같은 안전장치가 사실상 불필요하다.

홍길동의 후예들, 미야코지마에 도착하다

오전 중 걸어놓았던 트롤 낚시에 연속으로 세 마리의 작은 참치들이 잡혔다. 물론 크기가 40cm급이어서 실망이었지만, 살이 통통하게 올라 먹을 만했다.

점심식사는 방금 잡은 참치 회를 깍두기 크기로 썰어 따듯한 밥으로 참치 회덮밥을 해 먹었다. 100% 신선도를 자랑하는 참치가 입 속에서 살살 녹았다.

남은 부위로 저녁은 참치매운탕이 준비되었다. 요즈음 우리 식탁은 내 동생과 젊은 대원들이 재치 있는 솜씨를 발휘해 김치, 깍두기는 물론 갖가지 요리들로 풍성하기 짝이 없다. 둔마표 수육, 인절미표 배추 겉절이

미야코지마 도착!

뱃머리에 서서 푸른 대나무와 잔솔에 덮인 섬 안쪽을 바라보니,
16세기 어느 날 홍 판서의 서자로 태어나 설움과 박해를 받고 살던
홍길동이 답답하고 좁은 조선 땅덩어리에서 벗어나,
나처럼 대해를 건너 이 섬에 도착했을 때의
통쾌함이 내 가슴에 전해져 절로 미소가 번지고 기분이 좋아졌다.

미야코지마 등대

미야코지마를 안내해준 오시마 다카시 부부와 함께

오시마 씨 가족을 초대해 식사를 대접했다.

등 멋진 요리가 너무 많아 체중 조절을 걱정할 정도이다.

새벽 근무를 섰던 대원들은 이 적막한 바다에서 엄청난 유성우의 향연을 만끽했단다. 수백, 수천 개의 별똥별이 머리 위로 쏟아져 내렸으니 얼마나 장관이었을까.

오후 1시 반, 예상보다 4~5시간 일찍 미야코지마에 도착했다. 항구 입구에서 보니 해도에도 없는 새로 건설된 다리가 진입로를 막아 버티고 있다. 눈대중으로 보아도 통과엔 문제가 없었다. 하지만 안전이 최고다. 아마미의 가나메 씨에게 연락했더니 통과 높이가 28m라고 했다.

다리로 진입하는 곳 근처에도 도처에 2~3m짜리 암초들이 흩어져 있어서 주의를 해야 한다. 우리 배의 킬 바닥에서 수면까지는 정확히 1.3m다. 다른 요트의 3~4m보다는 이런 곳 항해는 안전하지만 각별히 신경을 써서 다리 앞에 서서 내가 가진 높이 측정기로 재보니 26m로 나온다. 우리 배의 마스트 첨단까지는 수면에서 24m, 문제는 없지만 다리 밑으로 통과할 땐 늘 마스트 끝이 꼭 닿을 것만 같이 아슬아슬해서 보는 사람이 가슴을 졸이게 만든다.

미리 구글에서 보아두었던 마리나 폰툰으로 다가가 첫 번째 계류줄을 비트에 고정시켰다. 그리고 뱃머리에 서서 푸른 대나무와 잔솔에 덮인 섬 안쪽을 바라보니, 16세기 어느 날 홍 판서의 서자로 태어나 설움과 박해를 받고 살던 홍길동이 답답하고 좁은 조선 땅덩어리에서 벗어나, 나처럼 대해를 건너 이 섬에 도착했을 때의 통쾌함이 내 가슴에 전해져 절로 미소가 번지고 기분이 좋아졌다.

이시가키 바다에서 만난 대형 갑오징어

김동오 대원 |컴마|

이시가키 섬에서 다이빙을 외치다!

오늘은 현지 다이빙을 하기로 한 날이다. 현지 가이드 가와시마 씨는 그를 돕는 조수 한 사람과 뜨끈한 된장국과 주먹밥을 준비해서 오늘 다이빙 일정을 맡았다. 만타쥐가오리 출몰 지역을 가기로 했으나, 조수와 바람이 강해 갈 수가 없다. 이시가키 섬의 다이빙 투어는 바람과 파도를 보아가며 장소를 결정하는데, 북동풍이 거세어 내만의 비교적 쉬운 지역을 선택했다고 한다. 강행을 한다면 가능하겠지만, 선장님과 몇 명은 바다에서의 다이빙엔 익숙하지 않아서 무리를 할 수는 없다. 비교적 난이도가 낮은, 깊지 않고 조류가 없는 곳을 골라 다이빙을 했다.

바닷속은 매우 투명하고 고요했다. 그룹을 이루어 맨 앞에는 현지 다이빙 강사가 앞장서고 가운데는 선장님, 심지에 대원, 항해사가, 밴 뒤에는 나와 탐사대장님이 대열을 이루었다. 한참을 가다 다들 모여 있는 곳으로 가니 바다거북이 낯선 이방인들을 경계하며 자기 영역을 지키고 있다. 물속에서 본 바다거북은 깨끗하고 순해 보였다. 또 생각보다 느리지 않았다.

앞으로 계속 가다 보니 이번에는 이상한 생명체가 눈에 들어왔다. 커다랗고 하얗고 길쭉한, 물고기도 아니고 동물도 아니고. 저게 뭐지? 좀 더 가까이 다가가서 보니 크기가 어른 몸통만 한 갑오징어다! 갑오징어는 크고 돌출된 눈으로 우리들을 연신 살핀다. 이곳 갑오징어는 우리나라에서 보았던 갑오징어와는 크기부터가 달랐다. 정말 어마어마하게 크다!

갑오징어 회를 좋아하는 나로서는 『헨젤과 그레텔』의 과자 집을 보는 느낌이었다. 저 갑오징어만 잡으면 우리 요트 식구들이 항해가 끝날 때까지 갑오징어 회를 실컷 먹고 하얀 뼈는 훌륭한 약이 될 텐데…… 하지만 이곳은 해양보호지역이다. 그리고 다른 다이버들을 위해 볼거리를 남겨두어야 하니 아쉽지만 그냥 지나갈 수밖에 없었다.

하늘에서 본 이시가키 항의 요트장

어른 몸통만 한 갑오징어다! 갑오징어는 크고 돌출된 눈으로 우리들을 연신 살핀다.
이곳 갑오징어는 우리나라에서 보았던 갑오징어와는 크기부터가 달랐다. 정말 어마어마하게 크다!

이시가키 섬에서의 다이빙 투어

대형 물고기들의 입을 청소해주고 공생한다는 물고기들이 있다고 해서 가봤더니, 배트맨 피시였다. 배트맨 피시는 주위 색깔에 맞추어 스스로 변색하는 물고기이다. 크고 화려한 배트맨 피시가 눈앞에서 색을 바꾸는 것을 직접 보니 매우 신기했다.

마지막 포인트에는 수많은 종류의 물고기와 멋진 코럴산호이 펼쳐져 있었다. 그동안 기상 악화로 다이빙도 못하고 열대어들을 볼 기회가 없었는데, 이번 다이빙에서는 우리가 일본을 떠나는 것을 배웅이라도 해주는 듯 온갖 종류의 열대어들이 현란한 군무를 추고 있었다. 그 화려한 열대어 아래 산호들이라니, 구름 속을 노니는 신선들 모습이 이럴까? 하얀 산호들 위에서 한가롭게 헤엄치는 형형색색의 화려한 물고기들은 살아 있는 한 폭의 그림처럼 아름답고 매력적이었다. 이시가키의 바다는 내게 대형 갑오징어와 배트맨 피시, 그리고 매력적인 산호와 열대어들로 기억될 것이다.

JAM 다이빙 숍 대표 가와시마 씨의 안내로 다이빙 투어를 진행했다.

일본이여,
안녕!

36일간 머문 일본을 떠나며

수중 궁전이 있다고 알려진 요나구니 섬에서 대만의 화련을 목적지로 삼고 항해를 하려면 대만의 동해안을 따라 내려가야 하는데, 검색 결과 요트가 정박할 적당한 항구가 눈에 들어오지 않는다. 대만 최남단 컨딩까지의 거리는 약 300마일, 쉬엄쉬엄 가면 8일 정도 걸리는 일정이다.

벌써 제주를 떠난 지 36일이 지났다. 참 일본 영토가 크기도 크다. 일본 바다를 한 달 이상 항해했는데 아직 요나구니 섬이 남았다. 이 섬을 지나야 대만이다. 화련 루트로 갈 경우 대만 컨딩 도착이 12월 30일경, 최종 목적지인 수비크 항에는 1월 10~15일쯤 도착이 가능하다. 그냥 컨딩으로 직접 내려갈 경우, 크리스마스는 대만에서, 1월 1일 새해는 필리핀에서 맞을 수 있을 것이다. 260마일의 장거리 항해지만 바람 방향도 괜찮고 일기도 온화해서 해볼 만했다.

표 항해사와 상의한 후 직접 대만 남단으로 가는 길을 택했다. 항로 중

이시가키. 이곳에서의 시간도 이제 추억의 한 페이지가 되겠지.

간에 루타오라는 대만령 섬이 하나 있는데, 불개항 어항이어서 들어갈 수는 없다. 토란과 날치를 주식으로 삼는다니 한 번 들러 구경하고 싶은 생각이 굴뚝같지만, 아주 특별하게 큰 바람이 터지거나 배의 추진기관에 문제가 있을 경우를 빼고는 들어가는 것 자체가 불법이다.

대만 입항 신고는 그곳 컨딩 마리나에서 한국 사람들과 친하게 지내온 등 선생에게 미리 연락하여 우리의 일정을 알려놓았다. 12월 22일을 출항일로 잡고 점심때쯤 떠나면 약 50시간 걸려 크리스마스이브 무렵에 도착할 것이다. 배를 몰면서 가장 피하고 싶은 것이 바람을 정면으로 이고 가는 항해다. 맞바람에 맞파도는 파고가 1m만 돼도 고통스럽다. 가도가도 속도는 안 나고 거리는 줄지 않는다. 그게 돛배의 단점이다.

그런데 이시가키에서 출항하면 약 25마일을 맞바람에다, 이리오모테 섬을 끼고 동북쪽으로 올라간 후 다시 내려오는 항해를 해야 한다. 이 25마일이 위장에 걸려 있는 돌덩이같이 내동 나를 괴롭힌다. 5노트면 5시간이 걸리고, 내려오는 데 4시간쯤 거의 한나절을 허비해야 한다. 실제 요즘 같은 겨울에는 두 섬 사이를 통과해서 밀려오는 해류와 바람이 강해서 잘못하면 하루를 까먹을 수도 있다.

구글 지도를 보면 이시가키 항을 벗어나 서쪽으로 다케토미 섬 아래쪽으로 푸른색의 좁은 항로가 이어져 있다. 인공적으로 산호초를 파내어 근처 유람선과 소형 여객선의 항로를 만들어놓은 듯한데, 우리 같은 외국 선박이 항로 표지만 보고 진행하다가 암초에 좌초되면 끝이다. 실제로 이곳 이시가키 항에 진입하다가 최근에도 여러 대의 배들이 좌초되었다. 바로 그게 문제였다. 어떻게든 한 5마일만 그곳으로 잘 빠져나갈 수만 있다면 순풍에 그냥 대만으로 내달리면 되는데 그 5마일이 어렵고 자신이 없었다.

일본에 대한 편견이 깨지다

21일 저녁, 우리에게 스쿠버 가이드를 하며 큰 무늬오징어와 거북을 보여주었던 가와시마 씨와 식구들을 초대하여 저녁식사를 함께 했다. 식사가 끝난 뒤 내가 해도를 보여주며 항로상의 고민을 말했더니 요트가 충분히 지나갈 수 있는 항로이고, 자기가 안내하여 다케도미 섬을 지나 깊은 곳까지 갈 수 있도록 해주겠다고 한다. 오전에 출항 수속을 하고 12시쯤 만나 함께 난구간을 통과하기로 했다. 그날 저녁 윤태근 선장과 카톡을 통해 확인해 보니, 윤 선장도 오래전 그 항로로 이리오모테 섬을 돌지 않고 직접 내려간 적이 있다고 한다.

다음날 11시 50분, 폰툰에서 배를 이안시켜 나와 조금 기다리니 가와시마 씨가 자신의 제트 추진식 스쿠버용 배를 타고 와 앞장을 선다. 나는 속도를 높이고 그의 배를 따라갔다. 그 배의 속도가 워낙 빨라서 우리의 5~6노트 속도로는 따라잡기가 쉽지 않았다. 마침 바람 방향이 좋아서 앞의 집세일만 절반 정도 펼치니 우리 배도 금방 9노트를 넘나든다. 그는 항로 표지를 따라 때로는 왼쪽으로 붙고 또 어느 구간은 오른쪽으로 바짝 붙어 가면서 자기 뒤를 바짝 따라오도록 연신 수신호로 안내한다. 나 또한 해도를 확대해 구글 지도와 겹쳐 보면서 그의 항적을 놓치지 않기 위해 애썼다.

옆으로 지나치는 수중 암초가 섬칫섬칫하다. 그렇게 한 40여 분 나왔을까? 그가 배를 세우고 이제는 안전하니 혼자 가도 좋다는 신호를 보낸다. 수심 8m권이다. 모두들 브릿지에 올라 그에게 진심 어린 감사의 표시로 손을 흔들며 긴 작별을 나누었다. 이제 일본 땅을 벗어나며 생각하니, 우

가와시마 씨 가족을 초대해 저녁식사를 함께 했다.

난구간을 안내해준 고마운 가와시마 씨

리가 만난 어느 누구 하나 친절하지 않은 사람이 없었다. 모두들 진심으로, 그리고 아무 조건 없이 우리의 항해를 도와주고 많은 것을 볼 수 있도록 격려해주었다.

이 글을 읽는 독자들에게 꼭 당부하고 싶은 이야기가 있다. 그것은 일본에 대한 우리의 잘못된 편견을 버리라는 것이다. 그들은 겉과 속이 다르다는 둥 왜놈은 믿을 수 없다는 둥, 일본인에 대한 수많은 편견은, 그 사람을 보지 않고 만나지 않고 경험해보지 않고 속단하는 정말 잘못된 편견이라는 것. 이는 우리가 그렇게 세뇌된 시각으로, 그리고 36년간의 굴욕적 지배에 대한 반작용 때문이라는 것이 나와 이번에 일본을 36일 이상 함께 항해한 모든 대원들의 공통된 의견이다.

가와시마 씨에게 손을 흔들며 긴 작별을 나누었다.

본격적인 항해에 돌입하다

북위 24도 16분, 동경 124도 4분에서 우리는 주돛을 올리고 구로시마黑島를 돌아 본격적인 남하를 시작했다. 반나절의 시간을 번 것이다.

수심 3,000~6,000m를 넘나드는 깊은 바다를 항해하는 것은 특별한 감흥이 있다. 이런 곳을 다니다가 우리 바다로 들어서면 서해와 남해는 모두 100m 미만의 얕은 바다이고, 동해에만 2,000m급 깊은 바다가 있다. 배는 일단 물에 뜨면 수심이 2m든 6,000m든 큰 차이가 없다. 깊은 바다는 오히려 큰 너울은 있어도 포말이 이는 가볍고 거친 소용돌이는 볼 수 없다.

구로시마를 벗어나자 인터넷도 끊기고 전화 연결도 안 된다. 본격적인 항해가 시작되자 정해진 순서대로 근무조가 브릿지로 올라가고, 때가 되면 식사 당번이 정해진 메뉴대로 식사를 준비한다. 우리 배는 항해 중 금연, 금주는 철저히 지킨다. 사실 식사 중 맥주라도 한 잔 하고 싶을 테지만 대원들 모두 잘 참아준다. 특히 술은 돛배에서 항해 중에는 절대 금해야 한다. 조금만 부주의하면 돛줄과 연관되어 큰 사고로 이어질 수 있고, 또 근무시간을 지키지 못하게 되면 화목한 분위기가 깨지기 쉽고, 이는 또 다른 사고로 이어질 수 있기 때문이다. 지금 생각해보면, 금연, 금주는 우리 8명이 모두 서로를 존중하며 화기애애하게 끝까지 항해를 끝낼 수 있게 한 기초가 되었던 것 같다.

만 하루가 지나니 모두들 장거리 항해에 어느 정도 적응되어 지루한 기색이 없다. 바람은 지속적으로 뒤쪽 5~7시 방향에서 약 15노트의 속도로 들어온다. 와일드 자이빙의 위험 때문에 좌우로 변침하여 AW뵌바람, 배가 진행할 때 바람이 불어오는 방향가 6시 방향으로 가는 것을 막는 것이 근무자들의 큰 임무가 되었다. 바람이 10노트 이하로 약해지면 주돛과 앞돛을 서로 교차시켜 돛끼리 서로 바람을 다투지 않도록 버터플라이혹은 가오리 방식의 돛 운용을 했다. 이렇게 하면 와일드 자이빙 위험이 현저히 줄어든다.

루타오 섬을 오른쪽에 두고 항해할 때 일시적으로 인터넷이 연결되었다. 무슨 연유인지 섬과 15~20마일 떨어져 있는데 인터넷 속도가 잘 유지되고 막혀 있던 카톡이 우르르 쏟아져 들어왔다. 등 선생에게 문자를 보내어 우리의 도착 시간을 24일 오전으로 변경해날라고 서울에 있는 며느리에게 부탁했다. 우리 며느리는 홍콩과 중국에서 중고등학교를 다녀 영어는 물론 중국어와 광동어에 능숙하다. 또 상냥하고 똑똑해 대만에서의 통역 임무를 잘 수행하여 이번 여행에서도 큰 힘이 되었다.

43시간 만에 대만 컨딩 항 도착!

섬을 통과하자 인터넷이 끊어지고 바람 또한 3~5노트로 떨어졌다. 2~3초마다 한 번씩 이는 너울 때문에 돛이 상할 것 같아서 돛을 모두 내리고 본격적인 기주 운행을 시작했다. 남은 거리는 55마일, 11시간이면 도착한다. 선실로 내려와 하루 반나절 이상 못 잔 잠을 청했다. 아직까지도 바다 생활이 익숙하지 못하고, 선장으로서의 책무 때문에 항해 중에는 거의 잠을 자지 못한다. 이번에는 그냥 발전기와 모터를 돌려서 가는 것이니 크게 신경 쓸 일이 없다.

4시간 이상 깊은 수면을 취하다가 자정쯤 일어나 보니 표 항해사가 쿠로시오 난류의 영향인지 배가 자꾸만 오른쪽으로 밀려 원래의 방향으로 나가지 못하고 있다고 알려왔다. 차트플로터를 보니 우리 배 항적이 오른쪽으로 곡선을 그리며 움직여온 것이 확연히 보였다. 배의 방향을 컨딩 쪽으로 다시 돌려보니 속도가 2노트대로 뚝 떨어진다. 피닉스 김선일 팀장이 챙겨준 쿠로시오 난류 자료를 보니 이쪽 구간은 2~3노트 정도의 역해류 속도가 나온다. 이 상태로 항해하면 내일 저녁때나 도착이 가능할까?

표 항해사는 기왕 이렇게 된 거 차라리 대만 해안 쪽으로 붙어보면 해류가 약해 쉽게 항해할 수 있을지 모른다는 의견을 낸다. 그는 항해사로서 나에 비해 월등한 경력을 지녔고, 이런 경우의 대처 능력이 남다르다. 그의 의견을 따르기로 하고 배를 우현으로 돌렸다. 3시간여를 항해하여 해안선 1km 정도까지 접근하여 방향을 남쪽으로 바꾸니 마침 불어오는 육지 쪽 바람과 맞아떨어져 속도가 금방 7~8노트 이상 붙었다. 오히려 해류가 거꾸로 흐르는 듯했다. 표 항해사의 식견이 돋보였다. 프로펠러의 회전수를 300 이하로 떨어뜨렸는데도 포말이 깔린 멋진 새벽 바다를 8~9노트로 질주하는 벗삼아호! 깨어 있는 대원들이 모두들 쾌재를 불렀다.

그러나 아직 문제가 남아 있다. 대만 최남단 곶부리의 와류소용돌이는 유명하다. 해도상으로도 넓은 지역이 와류 조심 지역으로 표시되어 있다. 이곳을 항해한 경험이 있는 표 항해사는 정말 수많은 소용돌이 포말을 보았다고 했다. 곶부리 5마일 전쯤 배를 좌현으로 부드럽게 돌려 가급적 곶부리를 끼고 큰 호를 그리며 컨딩 쪽으로 진입하기로 했다.

새벽 여명에 앞을 바라보니 생각보다 와류나 특이한 해류가 있는 것 같지는 않아 보인다. 하지만 조심하는 것이 상책이다. 수심 30m권을 유지하며 항해하여 곶부리를 돌자 왼쪽이 섬에 막히며 바람이 죽어버린다. 발전기를 틀고 모터의 피치를 양쪽 모두 25amp 정도에 맞추니 7노트의 속도가 유지된다.

등 선생에게 전화가 왔다. 이 새벽에 벌써 마리나에 와 있다는 것이다. 갑판이 부산하니 잠자던 대원들도 모두 일어나 43시간 만에 도착한 신새벽 대만 땅을 구경했다. 예정보다 약 6시간 일찍 컨딩 항에 도착한 우리는 하이파이브를 하면서 새로운 나라의 입항을 자축했다.

저 새벽 여명 속에

어슴푸레 보이는 새로운 땅에서

우린 또 어떤 일들을 겪게 될까?

대만

＼

2014. 12. 24~

12. 27

컨딩에서의 깜짝 크리스마스 파티

이종현 대원 |막내|

크리스마스 깜짝 파티 대작전

벗삼아호의 루트에는 짧은 거리의 항해 구간도 있었지만 간혹 2~3일씩 걸리는 장거리 항해도 있었다. 흔들리는 바다 위이지만 너울이 심하지 않거나 바람의 세기가 약할 때는 바다 위에서 드론을 날리곤 했다.

끝없이 펼쳐지는 수평선 아래 하얀 벗삼아호만 덩그러니 떠 있는 걸 드론 모니터로 보면 마치 다른 세상에 와 있는 것 같은 느낌이 들었다. 높은 파도에 흔들리는 요트 안에서 촬영하기 힘든 적도 많았고, 멀미 기운에 카메라에 집중하기 힘들 때도 많았다. 그러나 좀 더 집중하고 좀 더 힘을 냈더라면 더 좋은 사진과 영상을 얻었을 텐데 하는 아쉬움이 남는 건 어쩔 수 없었다.

요트 밖으로 나오면 항상 느껴지는 바다향이지만, 매 기항지를 옮길 때마다 느끼는 바다 느낌은 모두 달랐다. 대만으로 오는 항해 역시 쉽지만은 않았다. 동중국해를 통과하는 구간이라 중간중간 와류가 형성되어 배

대만 최남단 컨딩 항의 호우비후(后壁湖) 마리나

가 앞으로 나아가지 못하고 밀려났기 때문이다. 대만을 끼고 바깥쪽으로 항해하려는 일정을 바꾸어 안쪽으로 항해하여 무사히 마쳤다.

대만의 첫 기항지는 최남단 '컨딩'이라는 곳이다. 그날은 크리스마스이브이기도 했다. 컨딩에 정박을 하고 선장님과 광훈 삼촌, 종현 삼촌, 항해가 님까지 시내 구경을 하시라고 내보낸 뒤 배에 남은 동오 형, 병진이 형, 지예 누나와 나는 크리스마스 파티를 준비했다. 처음 승선할 때부터 크리스마스 장식과 산타 모자, 루돌프 머리띠 등을 구석구석 숨겨서 가져온 보람을 만끽하는 날이기도 했다. 각 기항지마다 인터넷을 할 때마다 벗삼아호 주방장 지예 누나가 파티에 필요한 음식 레시피를 기록하고 준비했기 때문에 음식 준비는 완벽했다.

동오 형과 병진이 형은 초등학교 이후 처음 느껴보는 동심의 감정으로 크리스마스 장식을 들고 벗삼아호를 꾸미기 시작했다. 미니 전구도 길게 늘어뜨려 달고 알록달록한 다양한 장식들도 여기저기 달았다. 감자샐러드와 브로콜리로 트리 모양을 만들었고, 소시지로 루돌프를 만들고, 팬케이크에 생크림을 올려 눈사람을 만들기도 했다.

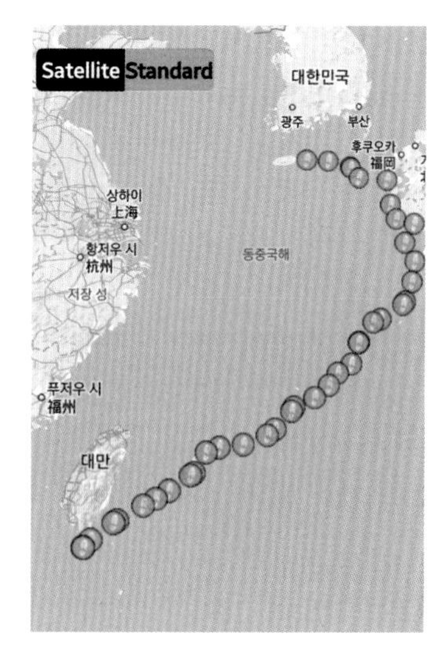

일본-대만 항적

시간 가는 줄 모르고 크리스마스 파티 준비에 열중하다 보니 어느덧 해가

크리스마스 파티를 위한 준비

대만에서 보낸 잊지 못할 크리스마스

넘어갔고 외출했던 선장님과 삼촌들이 돌아오셨다. 잠시 불을 껐다.

"메리 크리스마스!"

조명을 켜자 선장님과 삼촌들은 화려한 음식에 또 한 번 놀랐다. 먹기 아깝다고 사진부터 찍으신 광훈 삼촌과 기대하지 못한 깜짝 이벤트에 연신 즐거워하시는 항해가 님, 파티를 준비한 우리 대원들을 칭찬해주신 선장님의 말씀과 함께 대만에서의 크리스마스는 대성공이었다. 모두 앉아 크리스마스이브의 저녁 만찬을 넉넉하고 여유롭게 즐기고는 겸사겸사 대만의 야시장 구경에 나섰다.

낮보다 밤이 더 아름다운 대만의 야시장

거리를 중심으로 좌우로 끝없이 펼쳐진 먹거리들을 보니, 대만 하면 사람들이 왜 야시장을 떠올리는지 그 이유를 알 것 같았다. 나는 오징어, 소시지 등 몇 가지 주전부리를 먹었다. 한국에서 비슷한 맛을 찾기 힘들 정도로 대만풍이 느껴지는 독특한 맛이었다. 대만의 유명한 명소들은 대부분 수도인 타이베이 근처에 있다. 우리가 정박한 남단에서는 볼거리가 드물었다. 유명하다는 야외 온천을 찾아 느긋하게 온천을 즐긴 뒤 차를 빌려 우리나라의 부산과 비슷한 가오슝으로 향했다.

가오슝에 도착하니 유명한 음식점이 많았다. 우리는 훠궈와 망고빙수 등 맛있는 음식들을 맘껏 즐겼다. 저녁에 대만에서 유명한 리우허, 루이펑 야시장을 돌아보니 짧지만 대만을 다 돌아본 것 같은 느낌이 들었다. 대만은 맛있는 음식들이 정말 많았고, 야시장 때문인지 낮보다 밤이 더 아름다웠다. 그리고 당연히 중국 느낌이 나긴 했지만, 어디서나 쉽게 바다를 접할 수 있어서 또 다른 중국에 온 듯한 느낌을 받았다.

짧은 시간이었지만 대만에서의 맛있는 음식과 즐거운 추억은 접어두고 최종 목적지가 있는 필리핀으로 가야 했기 때문에 우리는 요트로 돌아와 출항 정비를 했다. 바람이 빠지는 고무보트를 보수하고, 필요한 부품도 구비했고, 연료도 보충했다. 준비를 끝내고 출발하려 하니 날씨가 따라주지 않았다. 출항하기엔 다소 거센 바람이 불었기 때문이다.

하지만 무작정 정박한 채 때만 기다릴 수는 없는 법. 선장님께서 필리핀으로 가는 마지막 장거리 항해를 두고 브리핑을 시작했다. 선장님은 "파고도 있고 바람도 불지만 우리는 나갈 것이다"라고 하셨다. 또한 "이런 맛에 요트를 탄다"는 격려의 말로 대원들의 긴장을 풀어주셨다. 어려운 항해가 될 것을 모두 알고 있었지만, 우리는 함께 굳센 의지를 다지고 필리핀으로 향하는 돛을 폈다.

들뜬 기분 그대로 야시장행

대만에서 즐기는 야외 온천

거친 바다, 루손 해협을 종단하다

210마일 기나긴 난바다에서의 모험을 앞두고

대원들 모두 대만 최남단 컨딩에서 크리스마스를 보내며 연말 분위기에 젖어 있을 때, 나는 마지막 긴 항로인 루손 해협의 종단 항해에 대하여 고민하고 있었다. 요즘 해상 기상은 대부분 북동풍이 2~3일 간격으로 20~35노트 정도의 프레임 안에서 강해졌다 약해졌다를 반복하는 패턴이다.

이곳에서 여러 달 체류 중인 스위스 요티인 에릭이 필리핀 루손 섬 최북단의 dirique inlet N18.27.35/E120.34.39을 종단 항해 후 첫 쉼터라고 좌표를 찍어주었다. 너울이 없어 오랜 항해 후 앵커링하고 쉬기 좋은 장소라며 자기도 필리핀-대만을 오갈 때 꼭 들러 가는 지점이란다.

오후에 우리 배에 놀러온 등 선생도 5월에 몇 번 필리핀에서 열리는 요트 대회를 위해 루손 해협을 건넌 일은 있지만, 동절기는 바다가 거칠어 고생 좀 할 거라고 귀띔한다. 해류가 남서에서 북동 방향으로 2~3노트로 흐르는데, 바람은 북동에서 남서 방향으로 20~30노트, 그리고 태평양 쪽 너울이 남동에서 북서 방향으로 계속 올라오기 때문에 삼각 파도가 많아 작은 상선이나 고깃배들은 많이 힘들어한다는 것이다.

'벗삼아호' 다음카페에 큰 상선을 타는 회원 한 분이 있다. 그가 우리가 기획한 겨울철 동남아 원정 계획을 보고 댓글을 썼는데, 특별히 이 계절의 이 항로는 정말 거칠다며 조심하라고 했던 기억이 있다. 며칠 간의 기상을 wind guru, sail grib 등으로 검색했더니, 우리가 가는 속도에 따른 국지적 기상 상태를 고려하면 12월 27일 출항이 가장 적당한 것으로 보였다. 그 이후에 출항 시는 바람이 약해도 항로 중간쯤에서 큰 바람을 맞아 항해 종반부가 어려울 수 있다.

26일 오전, 대원들이 헝춘으로 관광을 떠나기 위해 아침식사 중에 27일 출항을 알렸다. 사실 요트는 보름 이상 지속적으로 하는 항해도 빈번하다. 내 친구 에릭은 60일간 뉴질랜드에서 일본까지 한 번에 올라왔다고 한다.

지난번 우리가 제주에서 출항할 때 우리보다 며칠 앞서서 태안 왜목항을 떠나 무기항, 무원조 세계일주 길에 오른 김승진 선장은 오늘째 거의 한달 반을 쉬지 않고 혼자 항해하고 있을 터이다. 하지만 우리는 항해가도 아니며, 편안하게 쉬엄쉬엄 모험 관광을 즐기는 여행가들일 뿐이다. 이번 여정인 210마일 40시간의 지속적 항해도 우리에겐 쉬운 일이 아니다. 선장인 나를 포함하여 우리 모두는 파도 공포증Cymophobia과 항해 공포증을 모두 가지고 있는데, 특히 세월호 사건 이후 우리 사회는 배를 타고 바다로 나간다는 것 자체에 엄청난 정신적 부담을 느끼는 게 엄연한 현실이다. 하지만 막상 거친 바다로 나아가 돛을 올려보라. 얼마나 통쾌하고 멋진지 바로 알게 될 것이다.

조선 성종 23년, 서력 1492년 대서양을 건너 신대륙을 발견했던 포르투갈과 스페인을 포함한 유럽인들은 우리와는 차원을 달리하는 사람들이었다. 그들은 네안데르탈인과 크로마뇽인의 차이처럼, 마치 원숭이와 인간처럼 그렇게 큰 과학적 격차를 가진 초인들이었다. 길이 23m, 너비 7.5m, 흘수물에 잠기는 길이 1.8m의 산타마리아 호는 우리 배와 폭은 비슷하고 길이만 9m 긴 배였다. 그런 목선과 형편없는 항법장치로 요즘 최신 범선으로도 20일 걸리는 대서양을 건너다녔다는 것이 경이롭다.

거친 파도를 뚫고 남쪽 나라로!

장거리 항해를 해본 요트 선장들의 이야기를 들으면, 일단 출항하면 바람이 부는 대로 내 의지와 상관없이 배가 움직이므로 3~4일만 지나면 타성이 붙어 내리기 싫어진다고 한다. 그냥 졸리면 자고, 배고프면 먹고, 고기 잡아 말리고, 빨래하고, 배 수리하고, 청소하고, 놀다 보면 두 달이라는 긴 항해도 바쁜 생활 속에 끝난단다. 하지만 나는 이 바다가 처음이고 우리 대원들도 그렇다. 그러자니 느긋할 수가 없다.

출항 준비는 저녁 때 가오슝에서 출장 온 출입국관리소 직원과의 간단한 인터뷰와 여권 스탬프로 끝이 났다. 언제든 떠나도 되는 것이다. 대만은 참 이런 점에서는 간단하고 스마트하다. 검역도, 세관검사도 출장 온

누구나 힘들게 건너는 루손 해협

아직도 적응 못한 멀미!

바다가 처음인 우리는 장거리 항해에도 느긋할 수 없었다.

그 친구가 모두 일괄 처리한다. 두세 시간 출장 와서 자기 일만 하고 바로 돌아간다. 배에 올라오지도 않는다. 커피 한 잔 공짜로 얻어마시지 않는다. 그냥 배가 정박된 폰툰 바닥에 서서 일처리하고 가버린다. 일본은 그에 비하면 너무 행정적이다. 우리네 말로 공무원 편의주의가 만연한 사회이기 때문인데, 우리나라도 일본의 영향으로 규제와 통제 일색의 전근대적 제도를 유지하고 있는 건지도 모르겠다.

늦은 밤 서울대 이중식 교수님이 잠시 들렀다. 그는 에릭과 절친한 사이다. 이 교수가 필리핀에서 조난당해 생사의 기로에 섰을 때 마침 그곳에 있던 에릭이 필리핀 어선에 연락해 이 교수를 구해주었기 때문이다. 이번에 에릭과 함께 가오슝으로 항해를 하기 위해 왔다고 한다.

돛대 끝과 스테이를 타고 넘는 바람 소리가 날카로워 잠을 깼다. 다른 대원들이 깰까봐 조용히 일어나 컨딩 항 부두 쪽과 반대편 바다 쪽으로 산책을 나갔다. 모래언덕을 넘어 바닷가에 이르니 컨딩 만 안에도 백파가 무시무시하다. 공연히 마음만 무거워졌다. 백사장을 걸었다. 이곳 해변은 모래가 아니라 산호들이 분쇄되어 색이 바랜 산호모래로 이루어져 있다. 파도에 밀려온 마른 고목나무 가지에 걸터앉아 산 능선을 따라 밀려오는 먹장구름을 바라보았다. 출항 시간을 늦춰야 하나? 배에 돌아와 기상부터 다시 체크했다. 아무래도 오전 출항은 무리다.

8시쯤 등 선생이 찾아오고, 옆에 정박 중인 에릭도 우리 배에 올라왔다. 모두의 의견을 종합해 오후 출항으로 결정하고 대원들은 렌터카 반납, 김치 담그기 등등 바쁜 아침을 보냈다.

오후 1시쯤 점심을 끝내고 항해 브리핑을 했다. 근무조는 모두들 구명복을 입고 하네스를 착용할 것, 혹시 모를 순간적인 큰 파도에 특히 유의하여 멋지게 남쪽 나라로 건너가자는 제안에 모두들 손바닥을 모아 "벗삼아 파이팅!"을 외쳤다.

루손 해협 기상도

2시에 에릭과 등 선생의 배웅을 받으며 마리나를 떠나 선박주유소에 들러 양쪽 기름 탱크를 가득 채우고는 지체 없이 큰 파도가 울렁거리는 외해로 나섰다. 약 2마일쯤 해안가를 벗어나 안전한 곳을 택해 돛을 올리고 선수를 정남 180도로 맞추었다.

항해한 지 한 시간쯤 지나자 너울이 왼쪽에서 밀려오며 본격적인 파도에 배가 요동치기 시작했다. 그런데 대원들의 얼굴을 보니 크게 긴장한 내색들이 없다. 모두들 '별거 아니네' 하는 표정들이어서 다행이다. 저녁 무렵부터 풍속은 20노트인데 파고는 4~5m를 넘나들었다. 발전기를 끄고 범주만으로 7노트는 거뜬히 나온다. 배터리 충전을 위하여 9kw 교류 발전기를 4~5시간에 한 번씩 돌려주면 나머지는 바람이 우리를 남쪽 나라로 데려다줄 것이다.

저녁식사 후 야간 근무에 돌입하자 나는 근무자들 모두 선교로 올라가지 말고 선내에서 근무할 것을 지시했다. 파고도 높고 굳이 브릿지에 올라가 있을 이유가 없다. 레이더를 보고 가끔씩 AIS 모니터만 확인하면 된다. 수심 3,000m, 유조선이나 원양선박이 다니는 해로에 그물이나 주낙 도구들이 있을 리 없다.

새벽 3시 넘어 바람이 돈고존don't go zone으로 바뀌었다. 그전까지는 가급적 왼쪽으로 붙어 가는 항해로 바람각을 세워왔는데, 자이빙을 하자니 거리 손실이 많았다. 어쩔 수 없이 헤드세일을 오른쪽에, 메인은 왼쪽으로 해서 서로 싸우지 않도록 하고 선수는 165도 방향을 유지했다. 어차피 가다가 한 번은 자이빙하여 왼쪽으로 치우친 항로를 변경해주어야 할 것이다. 참고로 자이빙은 뒷바람에서 배의 방향을 바꾸는 것을 말하고, 태킹은 앞바람에서 배의 방향을 바꾸는 것을 말한다.

필리핀 최북단 루손 섬 도착

새벽에 소나기가 한 차례 퍼붓고 지나간다. 날이 밝고 파도보다는 밀려오는 너울이 장난이 아닌데 모두들 무덤덤하다. 점심은 비빔국수가 별미로 제공되었다. 김치 국물이 맛이 제법 들었다. 요즈음 우리 배는 내 동생과 인절미 둘이서 김치 담그는 것이 유행이다. 맛이 제법 들어 웬만한 시장 김치보다 좋았다.

오후 3시경 바람이 10노트 이하로 약해졌다. 돛이 펄럭이고 삐걱거려 기주로 전환했다. 바람이 이 정도면 배가 부드럽게 나아가야 하는데 문제는 너울이었다. 너울이 왼쪽에서 다가와 배를 밀면 순간적으로 돛폭이 역으로 먹는다. 그리고 너울이 지나가면 다시 바람에 앞으로 밀리면서 '퍽' 하면서 돛과 돛대 그리고 side stay 모두에 무리가 간다. 앞돛은 감아버리고 주돛의 조정줄을 팽팽하게 당기고 20kw 발전기를 가동하여 6노트 속도를 맞췄다. 파도는 4m 미만으로 조금 가라앉았다.

남은 거리는 60여 마일, 10시간 남짓 지나면 도착하리라. 지나가는 배와 교신을 시도했다. 근무자가 한국 사람이라 이 지역 쿠로시오 난류의 속도에 대한 자료가 있는지 물었더니 2~3노트 정도로, 우리 배의 역조류라고 한다. 그래서인지 배의 속도는 갈수록 떨어졌다.

야간 근무조가 근무를 시작하면서 바람이 조금씩 세지고 바람 방향도 우리에게 유리하게 북동 방향으로 돌았다. 때를 같이하여 너울과 파도도 점점 높아져서 선실 내에서 누워 있어도 꿀렁거리는 느낌이 대단하다. 표 항해사가 먹은 걸 토했다고 한다. 너울이 배 밑바닥을 넘어 나가며 두 번 정도 선실 벽을 친다. 그 소리가 엄청 시끄럽다. 눈을 잠깐 붙이고 나

거친 바다를 통과할 때는 선장의 판단이 무엇보다 중요하다.

왔더니 선속은 4.5노트, 바람과 파도, 너울은 여전하다. 어차피 내일 아침까지만 도착하면 되기 때문에 발전기도 끄고 범주로 저속 항해 중이란다. 20~30마일 남은 거리다.

순간 나는 빨리 가는 게 좋을 것 같다는 생각이 들었다. 이 난바다에서 심하게 흔들리며 힘들게 항해할 이유가 없다. 발전기를 가동하고 모터도 양쪽 25amp 이상 걸었다. 7.5~8노트로 속도가 붙는다. 바람각도 많이 좋아졌다. 오로지 루손 곶부리를 향해 내달렸다. 표 항해사를 들어가 쉬게 하고 내가 직접 보아둔 정박지 좌표를 감안하여 변침하고 돛의 트림바람에 따라 원하는 각도로 돛을 조정하는 것을 맡았다.

12시 반 자정 조금 지나서 드디어 필리핀 최북단 섬인 루손 섬의 곶부리를 돌았다. 너울이 육지에 막히니 갑자기 바다가 잔잔해지고 멀리 민가의 불빛이 보였다. 해도로 dirique inlet을 확대해보니 남쪽에서 진입해야 좌초를 면할 수 있다. 도착지 2마일 전쯤 꼭 필요한 대원들만 깨워서

항해 중 수시로 세일 점검!

돛을 내렸다. 밝은 서치라이트를 소지한 대원의 가이드를 받으며 내만으로 진입하여 10m 권역의 낯선 바다에 처음으로 닻을 내렸다. 210마일의 기나긴 난바다를 건너 우리가 목적했던 필리핀 땅에 도착한 것이다.

새벽 1시 반. 모두들 잔잔한, 그래서 육상에서의 잠자리보다 더 아늑하고 부드러운 선실로 들어가 피곤한 몸을 눕혔다. 아침에 통통거리는 벙커선필리핀의 고기잡이 소형 삼동선들의 엔진 소리에 잠이 깼다. 여기가 어딘가? 아! 어제 필리핀으로 넘어왔지. 비몽사몽간에 선실 커튼을 열자 연초록색 바다가 한눈에 들어온다. 이어서 지나다니는 조그맣고 긴 목선들이 보인다. 우리 배는 미동도 없다. 조용히 일어나 갑판으로 나서니 아, 이제 남국이다! 저 멀리 보이는 야자 숲, 반짝이는 물결, 방금 떠오른 태양, 지나가며 손을 흔드는 어부들……. 내 발소리에 깼는지 대원들이 하나둘 일어나 밖으로 나온다. 모두들 멀리 푸른 숲의 육지를 감회에 젖은 눈으로 말없이 바라보았다.

조용히 일어나 갑판으로 나서니

아, 이제 남국이다!

저 멀리 보이는 야자 숲, 반짝이는 물결,

방금 떠오른 태양, 지나가며 손을 흔드는 어부들…….

필리핀
\
2014. 12. 29~
2015. 1. 3

산페르난도의 풍등

따뜻한 남쪽
바닷가에서의
느긋한 휴식

살로마구 포트에서 맞는 아침 풍경은 우리가 꿈꾸던 남쪽 바닷가의 모습 그대로였다. 새벽부터 남자들이 부산하게 벙커선을 몰고 고기잡이를 나간 후 마을에선 아침을 준비하는 연기가 피어오르고, 아이들의 웃음소리가 바닷가에 낮게 퍼진다.

하나둘 잠에서 깬 대원들이 너나없이 바다에 뛰어들어 아침 햇살 아래 수영을 즐긴다. 젊은 친구들은 자유형과 돌고래 수영을, 우리 같은 이들은 개헤엄 비슷한 평형이 제격이다. 나는 수경을 착용하고 우리 배의 닻이 놓여 있는 곳을 둘러보았다. 대부분 모래와 고운 뻘 지역인데 수심은 8m 정도, 아침 햇살이 퍼졌는데도 우리 배의 그늘 속에서 빨간색, 녹색 그리고 하늘색 야광충이 작은 원호를 그리며 유영하는 모습들이 눈에 띄었다. 손으로 움켜쥐어 찾아보려면 희한하게도 전혀 보이지 않는다. 다시 바닷물에 털어버리면 또 불을 켜고 다른 곳으로 달아난다.

닻은 모래 속에 1/3 정도 비스듬히 잘 박혀 있었다. 연결된 체인이 밤새 좌우로 끌린 자욱이 폭 2~3m의 긴 도로를 만들었다. 댄포스형 앵커는 어떤 지형에서건 잘 고정되고 또 올리면 쉽게 뽑히는 호미처럼 생긴 닻이다. 우리 배는 12mm 튼튼한 주물로 만든 체인이 약 100m 길이로 준비되어 있어 조류가 세고 바람이 불어도 배가 밀리지 않는다.

9시쯤 어제 끓여놓았던 닭죽을 데워 먹고 산페르난도 항으로 출발했다. 항해할 거리는 75마일, 13~15시간 거리다. 이번 항차는 우리가 지금껏 해왔던 항해와는 사뭇 다른 느낌이다. 계절풍인 북동풍은 육지에 막혀 거의 없고 대신 국지적으로 바다와 육지의 온도차에 따른 해륙풍sea breeze cirulation 정도만 있을 뿐이다. 파고도 거의 없었다. 대원들과 모처럼 느긋하게 브릿지에 모여 우리끼리 준비한 강의 프로그램을 들으며 왼쪽에서 펼쳐지는 루손 섬의 풍광을 즐겼다.

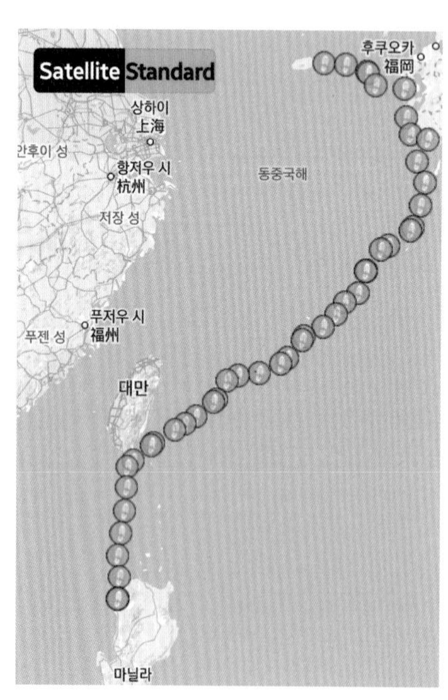

대만-필리핀 항적

10시쯤, 지나가던 필리핀 벙커선의 어부가 커다란 참치를 팔러 왔다. 탐사대장이 젊은 대원들과 가격을 흥정하여 400페소에 구입했다. 횟감으로 생각했는데, 잡은 즉시 피를 빼지 않아 횟감으로는 먹을 수 없었다. 밑간을 해서 참치 스테이크를 해 먹었는데, 육질이 의외로 단단하고 고소한 닭고기 맛이 나서 모두들 맛있게 먹었다.

저녁 무렵부터 육지 쪽에서 바람이 잘 들어와 모처럼 돛을 올리고 잔잔한 밤바다를 내달렸다. 9시 반 조금 지나서 김선일 팀장이 알려준 산페르난도 항 아래쪽 공항 근처 바닷가에 앵커를 투하했다.

새벽 잠결에 누군가 우리 배에 올라오는 소리를 듣고 잠이 깼다. 해치를 열고 누구냐고 소리를 질렀다. 필리핀 현지인 두 명이 아직 어두운 새벽에 벙커선을 타고 와 우리 배에 올라온 것이다. 내가 소리를 지르는 통에 모두들 머리를 내밀고 내다보니 이 친구들이 구차한 변명을 늘어놓기 시작했다. 아침에 자기들 벙커선을 택시로 이용해줄 것을 부탁하러 왔다는 것이다. 남의 배에 무단으로 올라왔으니 도둑이나 강도임이 분명한데, 의외로 배의 승선 인원이 많으니 엉뚱한 핑계를 대는 것이다. 우리도 이 새벽에 그들을 잡아 경찰을 부를 수도 없는 노릇이어서 그냥 놓아주었다.

아침 근무 시간에 맞춰 출입국 신고를 하기 위해 정부청사를 찾아갔다. 오늘은 12월 말일, 이곳 필리핀은 휴무여서 담당 공무원을 별도로 연락해 나오라고 해야 하니 기다리란다. 이곳 산페르난도는 개항이어서 동북쪽에서 들어오는 배들이 이곳에 들러 입국신고를 하는 항구로 알려져 있는데, 뒷돈을 요구하는 등 공무원들의 행태가 지저분하여 차라리 수비크 마리나에 입항해 입국신고를 하는 것이 바람직하다. 이번에도 수비크 마

새해 소망을 풍등에 적어 날리다.

리나에 입항하여 공무원에게 자기 서명을 보여주라고 쓴 16절지 서류 한 장을 만들어주면서 우리 돈 8만 원을 청구하여 내고 나왔다. 휴일에 나와서 근무시킨 비용이란다. 우리는 당연히 여권에 스탬프를 찍어주리라 생각했는데, 정말 못 말리는 나라다.

풍등과 폭죽으로 새해를 맞이하다

오늘은 세모이니만큼 근사한 저녁 만찬을 계획했다. 석양이 지는 모래 해변에 우리 8명의 만찬을 위한 테이블을 준비하고 해변 식당에 각종 해산물 요리를 주문했다. 저녁 6시, 모두들 산미구엘 맥주를 들고 노을 지는 바다와 그림처럼 정박되어 있는 벗삼아호를 배경으로 잔을 들었다. 이번 동남아 항해를 준비하면서 한 번도 가보지 못한 미지의 항해 루트를 수십, 수백 번 상상하며, 꼭 이런 바다 위에 배를 정박시키고, 꼭 이런 해변에서 우리 배를 바라보며 멋진 정찬을 하는 모습을 그려보곤 했는데 이렇게 실현되다니! 가슴이 벅찼다.

저녁 11시쯤 되자 해변 도시들이 폭죽놀이를 시작했다. 배로 돌아온 우리는 준비한 풍등을 서로 나누어 각자의 새해 소망을 적었다. 가족의 안녕과 행복을 기원하고, 남은 기간 우리들의 성공적인 항해를 기원하는 글들을 모두 정성을 모아 써나갔다. 그리고 한 사람씩 서로 도와가며 풍등을 하늘로 띄워 올리기 시작했다. 때맞춰 바람도 잔잔하고 군데군데 별떨기들이 보이는 맑은 밤하늘에 우리가 띄운 풍등이 하나씩 높이 날아가 함께 별이 되는 모습을 지켜보면서 여태껏 한 번도 경험하지 못한 묘한 감동에 젖었다.

심지예 대원이 올린 풍등이 바람 방향이 맞지 않아 떨어지자 표 항해사가 자기 것을 주었다. 소망을 다시 적었을 때, 우리 모두는 그녀의 풍등을 정성껏 띄워주었다. 힘든 50여 일 항해 일정을 여자의 몸으로 버텨낸 대견함도 그렇지만, 대원들을 위해 온 정성을 다하고 있는 고마움에 보답하는 마음을 담아 마지막 풍등을 멀리멀리 띄워 올려주었다. 그리고 준비한 폭죽을 해변을 향해 시원하게 터트렸다. 모두들 어린이가 된 듯 폭죽 터뜨리기에 여념이

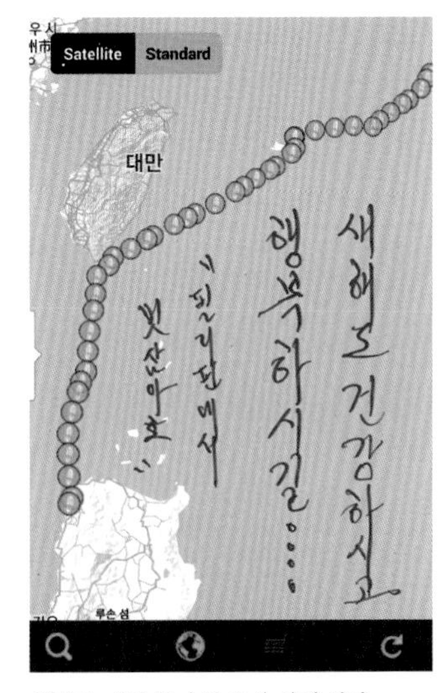

연하장 대신 문자로 보낸 새해 인사

없었다.

자정이 다가오자 우리가 정박한 바닷가 좌우 40~50km 정도의 긴 해변가 마을에서 경쟁적으로 불꽃놀이를 벌이기 시작했다. 하늘에서 오색영롱한 불꽃이 터지는 장관을 모두들 말없이 지켜보았다. 지금껏 보아왔던 어떤 불꽃놀이보다 거대하고 장엄했다.

자정이 되었을 때 대원들 모두는 생사를 함께 한 우정으로 진정한 새해 인사를 나눴고 모두의 행복과 건강을 기원했다. 누군가 라면을 끓여 야식을 먹자고 제안했다. 모두들 즐거운 마음으로 파와 계란을 넣고 끓인 라면을 한 그릇씩 비웠다. 올해는 좀 더 따뜻한 마음과 눈길로 내 주변을, 내 친구들을, 내 가족들을 바라보아야겠다고, 하찮은 거라고 그냥 지나치던 인연들을 중시하고 마음을 열자고 다짐했다. 평생 잊지 못할 감동적인 송년 행사, 아직 마을의 불꽃 축제는 끝날 줄 모르고 밤하늘을 밝히고 있었다.

산페르난도 밤뱃길

부드러운 뒷바람 나비돛 펼치고

기주로 가속해 시속 7노트

왼쪽 하늘엔 달무리 진 하현달

선미엔 반짝이며 달아나는 야광충

콕핏에선 대원들이 굽는 참치 스테이크 향기

선실 크리스마스 장식과

조용하게 깔리는 존 덴버의 〈Alaska and Me〉

마음이 아름다운 대원들과

서두를 일 없는 밤뱃길에

멀리 어둔 산허리에 반짝이는 불빛

산페르난도 등대

28NM TO SAIL

ETA 12:00AM.

좌초

얕은 수심, 산호초… 아뿔싸!

2일 오전 8시, 앵커를 올리고 산타크루즈 항을 출발하여 수비크 방향으로 뱃머리를 돌렸다. 오늘은 대원들로 하여금 출항부터 기주, 범주를 내 도움 없이 스스로 해보는 걸 목표로 앵커를 걷어올리는 것부터 해도를 보고 코스를 정하는 것까지 실행시켰다. 바람이 없어 돛을 펼치는 것은 넓은 바다로 나가서 해보기로 하고, 라면에 떡국을 끓여 아침식사를 했다.

날은 화창하고 따뜻했다. 차트플로터를 확대하여 해도를 검토해보니 4마일 떨어진 헤르마나 섬 방향으로 나가려면 수심이 낮은 지역이 있어 조금 크게 오른쪽으로 돌아 내려와야 했다. 그냥 왼쪽 육지 쪽으로 붙어 가면 간조 시에 수심이 2m권이다. 우리 배의 가장 낮은 곳인 킬에서 흘수선 선체가 물에 잠기는 한계선까지 1.3m인데, 2m면 통과하는 데 큰 문제는 없어 보였다. 그래, 가보자. 오른쪽으로 30도 변침하여 조금 깊은 물골 비슷한 방

해도에는 안전한 곳이었는데 좌초라니…… 식사 중 날벼락!

향으로 맞춰놓고 식사를 시작했다. 속도는 5노트로 놓고 자동항법장치를 가동했다.

배가 움직이는 곳의 현 위치 수심을 보면서 식사를 하는데, 문득 창밖을 내다보니 불과 200여m 떨어진 바다에서 한 현지인이 서서 무엇인가 작업을 하고 있었다. 그런데 바다 깊이가 그의 무릎 높이밖에 오지 않았다. 정신이 번쩍 들어 브릿지에 뛰어올라가 배의 속도를 줄이고 좌우를 살펴보니 옆으로 희끗희끗 산호초들이 보인다. 수심이 정말 얕았다. 해도를 다시 검토하고 왼쪽으로 더 붙여 조금 깊은 물골 방향으로 배를 돌린 뒤 속도를 조금 줄여놓고 선실로 내려왔다. 다시 중단했던 식사를 시작하고 불과 2~3분 흘렀을까? 갑자기 '드드득' 하며 배 하부가 무엇에 긁히는 기분 나쁜 소리가 들렸다. 그 소리와 함께 무언가 장애물을 타 넘더니 또다시 무엇인가에 긁히며 배가 아주 그 위에 얹혀 서버렸다.

밥그릇을 내던지고 밖으로 나와 살펴보니 포트 쪽은 산호초에 올라타고 스타보드 쪽은 아직은 물에 떠 있다. 항해사에게 들어가보라고 지시하고 일단 선실 바닥을 열어 물이 새는지부터 확인했다. 다행히 오른쪽, 왼쪽 선실 모두 물이 새는 곳은 없다. 표 항해사가 둘러보더니 왼쪽 킬 앞쪽 1/3이 산호 위에 얹혀 있고 오른쪽은 괜찮다고 한다. 연산호밭을 슬쩍 차고 올라가 지나가는 바람에 킬 아랫부분이 좀 긁혔는데 구조적으로 문제되는 것은 없는 것 같단다. 이런, 바보같이 1~2마일 조금 더 돌면 될 것을 무엇 때문에 무모하게 해도만 믿고 이런 산호밭으로 들어와버렸는지…….

필리핀 어부들의 도움으로 산호밭에서 탈출하다

불과 10분도 지나지 않아 근처에서 조업하던 필리핀 어부들 10여 명이 벙커선을 몰고 우리 배 근처로 모였다. 그중 한 친구가 수제 수경과 오리발을 차고 배를 한번 살펴보더니 산호밭에서 배를 빼내는 덴 문제없으니, 자기 배에 로프를 연결하여 이곳을 탈출하잖다. 표 항해사는 구조적으로 문제는 없으니 이곳에서 만조 때까지 기다렸다가 물이 더 불 때 안전하게 빠져나가는 것이 좋을 것 같다고 조언한다.

내가 수경을 쓰고 바다 밑으로 내려가보니 왼쪽 동체만 빠져나오면 큰 문제는 없을 듯했다. 그 친구들에게 한번 시도해보자고 하고, 건네받은 로프를 오른쪽 가운데 클리트에 고정하니 그들 여러 명이 함께 들어가서 허리 깊이의 물속에서 우리 배를 밀어 왼쪽 동체를 조금씩 움직여 끝내 배를 돌려 세워놓는다. 그리고는 자기 벙커선을 따라 천천히 자기가 가는 방향으로 나오라고 하며 배를 우리가 지나왔던 방향으로 움직인다. 내가 최대한 키러더를 배가 가는 방향으로 일치시키고 모터를 최소한으로 가동

필리핀 어부들의 도움으로 산호밭에서 탈출하다.

하여 그 친구 배를 따라가니 10여 분 뒤에 수심 5m권으로 빠져나올 수 있었다. 정말 다행이었다.

배를 멈추고 동생을 시켜 현지인들에게 후하게 사례하라고 지시한 뒤 고프로 카메라를 들고 배 밑으로 내려갔다. 왼쪽과 오른쪽 모두 킬의 하단부를 동영상으로 촬영해 가지고 나와 노트북과 연결하여 확인해보니 경미하게 긁힌 것 외에는 아무런 문제가 없었다. 다시 빌지선실 바닥에 고이는 물의 통칭에 물이 고였는지, 새는 곳은 없는지 확인하고 배를 크게 우회시켜

헤르마나 섬 앞쪽을 돌아 수심 4~5m권을 지나 남하하기 시작했다. 모두들 긴박했던 조금 전의 상황이 큰 문제 없이 해결되자 재미있어하며 먹다 난장판이 된 식탁을 치웠다.

11시 조금 지나 탐사대장이 기왕 늦은 거 햇빛도 좋고 바람도 없으니 스노클링이나 하며 놀다 가잖다. 나도 사실 좀 쉬다 가고 싶었다. 우린 해저 지형이 비교적 복잡하게 요철되어 있는 곳에 앵커를 투여하고 배를 세웠다. 모두들 남국의 바다를 즐기기에 여념이 없다. 바다는 의외로 볼거리가 적었다. 그야말로 잔챙이 고기조차 찾기 어려웠다. 이곳 바다는 현지인들의 남획으로 인해 고기가 씨가 말랐다.

한 시간도 지나지 않아 모두들 출발하잖다. 그만큼 볼거리가 없는 것이다. 9시 반 아나왕인 코브의 아름다운 휴양지 깊숙한 곳에 도착하여 앵커를 투하했다. 머리 위엔 별이 반짝이고 바다 속엔 야광충이 빛나는 곳, 정신적으로 놀라고 피곤한 하루를 입증하듯 눕자마자 깊은 잠에 빠져버렸다.

3,300km,
52일간의 항해를 끝내다

10년 후에 열어볼 타임캡슐을 묻다

어제 하룻밤을 보낸 아나왕인 코브 휴양지는 의외로 멋진 곳이었다. 대략 1,000m쯤 돼 보이는 산으로 둘러싸인 아늑한 곳인데, 놀랍게도 안쪽에는 민물 하천이 흐르고, 숲속에는 캠핑장과 산책길이 있어 필리핀 사람들이 많이 찾는 곳이다. 대원들이 왼쪽 산등성이에 타임캡슐을 묻겠다고 딩기를 몰고 떠난 후, 나와 표 항해사는 우리 배 옆을 지나가는 필리핀 소년의 벙커를 타고 육지에 상륙했다.

바다로 연해서 구멍가게들이 줄지어 있고 그 너머 숲속에는 민물이 흐르는 개울이 있었다. 학생들을 위한 캠핑장에는 젊은 친구들이 이곳저곳 야영을 하고 있고, 숲속으로 난 산책로도 의외로 잘 되어 있었다. 마음 같으면 며칠 동안 이곳에서 쉬다 가면 좋을 듯도 한데, 우리나라 사람들은 도시 생활에 익숙해져 있어 이런 곳의 정막과 평화로움을 견디지 못한다. 아무리 좋은 휴양지라도 인터넷과 전화가 안 터지면 이틀을 못 견딘다.

뜻밖에 발견한 보석같이 아름다운 곳,

아나왕인 코브.

벗삼아호가 접근하자 한 폭의 그림이 완성되었다.

벌써부터 오늘 우리가 도착할 여행의 종착지인 수비크 만의 도시가 그립다. 스타벅스 커피도 마시고 싶고 식구들에게도 마음껏 카톡을 날려보내고 싶다.

배로 돌아와 어제 저녁 항해 중 터져버린 축범줄을 보수했다. 타임캡슐을 심으러 갔던 대원들이 돌아왔다. 멀리서 바라보는 야산은 겨울철이라

우리 대원들이 심어놓은
타임캡슐을 10년 후쯤 다시 와서 열어보면
특별한 감흥이 있을 터.
잊지 말고 그 여행을 꼭 주선해봐야겠다.

누런 갈대나 풀들이 덮인 것처럼 보였는데, 막상 올라가보니 키 낮은 관목들이 덮여 있어 걸어다니기가 어려웠다고 한다. 어쨌든 우리 대원들이 심어놓은 타임캡슐을 10년 후쯤 다시 와서 열어보면 특별한 감흥이 있을 터. 잊지 말고 그 여행을 꼭 주선해봐야겠다.

벗삼아호, 임무 완수!

느긋하게 고구마와 핫케이크로 아침 겸 점심을 먹고 넓은 바다로 나왔다. 수비크 마리나까지는 20여 마일, 저녁때쯤 도착하리라. 바람이 지지부진하여 두 시간쯤 주돛을 올린 상태로 모터를 돌리고 왔는데 왼쪽 곶부리를 돌자마자 바람이 터졌다. 이곳 열대지방은 바람의 패턴이 이상하다. 국지적 돌풍이 많아서 정신을 차리지 않으면 큰 낭패를 볼 수 있다.

우리 배는 금세 7노트를 상회하며 파도 없는 바다를 내달린다. 이렇게 가면 3~4시쯤 도착하겠다고 느긋해했으나 수비크 만으로 통하는 골자리의 골바람이 불어대기 시작하자 곧 속수무책이 되었다. 오른쪽으로 각을 주면 8노트 속도가 나오는데 정작 우리가 가야 할 곳은 바람이 불어오는 쪽, 몇 번 태킹을 해봐도 가도가도 그 자리 같은 것이 돛배의 숙명이다. 할 수 없이 모든 돛을 접었다. 왼쪽으로 바짝 붙어 기주로 간신히 맞바람을 뚫고 나가자니 3~4노트의 답답한 속도가 우리를 기죽게 한다. 멀리 우리나라 기업인 한진조선소 간판이 보였다. 내만으로 진입하자 바람이 자고 배는 제 속도를 회복했다.

대원들은 이번 여정의 끝을 나름대로 정리하며 브릿지에 모여 마지막 입항을 즐겼다. 수비크 마리나에 들어서자 관리인이 나와 우리의 선석을 정해준다. 배를 대고 한자리에 모여 긴 여정을 무사히 끝냈음을 자축했다. 대원들의 헹가래에 모처럼 옷 입은 채로 다이빙, 그래도 기분이 좋았다. 항해 거리 약 3,300km, 11월 14일 제주를 출발하여 필리핀 수비크까지 장장 52일간, 23군데의 항구 혹은 묘박지錨泊地, 선박들의 해상 주차장를 들러 목적지에 도착한 것이다.

벗삼아호, 임무 완수!

수비크 도착 기념 바비큐 파티

수비크 마리나에서 해단식을 했다.

요트 여행의 참맛은 이번에 우리가 시도했던 이런 여행이다. 제주에서 출발하여 수비크까지 쉬지 않고 온다면 계절풍을 타고 7일쯤 걸릴 것이다. 그건 여행이 아니라 항해다. 우리가 이번에 함께 했던 여정은 사실 아무나 할 수 없는 값지고 아주 특별한 모험이었다. 많은 곳을 보고 가슴이 따뜻한 수많은 사람들을 만나 우정을 나누었다. 무엇보다도 8명의 대원 모두 한 사람도 경미한 부상도 없이, 그 흔한 감기 한 번 걸리지 않고, 단 한 번의 갈등이나 다툼 없이, 웃으며 자기 역할을 완벽하게 소화하며 일정을 끝내준 데 대하여 너무도 사랑스럽고 고맙고 대견했다.

아내와 통화를 했다. 일정이 모두 끝나 무사히 수비크 항에 입항했다고 하자 축하해주는 목소리에서 떨림을 느꼈다. 아내 또한 이 여정을 지켜보며 얼마나 노심초사했을지……. 입항 수속을 끝내고 육전을 연결하기 위한 컨넥터를 구입할 겸, 우리의 성공적 항해를 자축할 성대한 저녁식사를 위하여 시내로 나갔다.

저녁노을이 지는 수비크 만은 바람이 서늘해 산책하기 좋았다. 일생일대의 모험과도 같았던 여정을 끝내고 수비크 만으로 들어오는 체크포인트 다리를 건너는 대원들의 얼굴에는 만족감과 행복이 그득했다.

정들었던 벗삼아호를 떠나며…….

저녁노을이 지는 수비크 만은
바람이 서늘해 산책하기 좋았다.
일생일대의 모험과도 같았던 여정을 끝내고
수비크 만으로 들어오는 체크포인트 다리를 건너는
대원들의 얼굴에는 만족감과 행복이 그득했다.

나마스테 호의 와인

탐사대장 허광훈 |바람|

나마스테 호 선장, 멋쟁이 책과의 만남

세일링의 최종 목적지인 수비크 만의 '수비크베이요트클럽'에 도착했다. 전체 항해로 볼 땐 반환점도 돌지 못한 1차 도착지이지만, 3,300여km의 먼 항해를 끝내고 안전하게 도착하니 세계일주라도 한 듯 맘이 한껏 들뜬다.

수비크베이요트클럽은 세계 각국에서 모여든 요트들로 북적거리기 때문에 그들이 타고 온 요트를 구경하는 것도 흥미롭다. 저녁 무렵, 형이 건너편 폰툰에 관심 가는 요트가 있으니 한번 보고 오라고 해서 구경 삼아 나갔다. 요트를 둘러보고 돌아가려는데, 머리가 벗겨진 서양 아저씨가 반갑게 아는 척 인사를 건네더니 자기 요트에 와서 와인이나 한잔하자고 권한다. 나는 지금 바비큐를 준비하다 나왔으니 우리 요트로 놀러오라 응답하고 돌아왔는데, 바비큐가 다 될 무렵 그가 진짜로 우리 요트에 나타났다. 우리 멤버를 소개하려 하자 그는 이미 알고 있다는 듯한 표정이었다. 알고 보니 형과는 통성명을 하고 진도를 많이 나간 사이였다.

이 사람은 나마스테NAMASTE 호 선장으로 이름은 잭, 국적은 프랑스, 선속은 말레이시아, 주거지는 유럽과 필리핀, 직업은 진주 양식업자인 나이 65세의 노신사다. 젊어서 부인과 함께 세계일주까지 마친 요트광이지만, 한동안 요트를 접고 사업에만 몰두하다가 최근에 필리핀 무인도에서 좌초당한 한국 요트를 자신의 헬기를 직접 조종하여 구해줬는데, 그 인연이 계기가 되어 다시 요트를 시작하게 됐고, 그 요트가 지금의 이 나마스테 호라고 한다.

만찬을 마친 그는 바비큐가 맛있었다며 자기 요트에 좋은 와인이 많으니 내일 대접을 하겠다고 우리 모두를 초청했다.

35억짜리 요트에 비키니 미녀들이라니!

다음날 일찍 저녁을 먹고 나마스테 호를 방문해서 요트에 대한 또 다른 세상 이야기를 많이 들었다. 원래 해양학자였던 잭은 필리핀에서 진주 양식장을 운영하고 있는데, 두 아들에게 섬을 하나씩 사줘서 아름다운 섬이 두 개나 있으니 꼭 들렀다 가라고 당부한다.

그는 한국인에 대해 유독 친근함을 표시했다. 조난한 요트를 구한 인연도 있지만, 아들의 친한 친구가 한국 가수 ○○라서 한국을 자주 왔다고 한다. 65피트의 초대형 세일링 요트 나마스테. 너무 멋져서 실례를 무릅쓰고 가격을 물어봤더니 예상보다 훨씬 비싼 35억짜리 요트라고 한다. 카타마란 요트도 아닌 모노헐 요트가…… 헐!

요트를 둘러보니 눈이 모자라 못 볼 정도로 첨단 장비도 많았고, 와인 쿨러엔 세계적으로 유명한 와인들이 빵빵하게 채워져 있었다. 하지만 진

나마스테 호

나마스테 호 초청 와인 파티

짜로 부러웠던 것은 비키니를 입은 쭉쭉빵빵 세 명의 필리핀 크루 서빙이었다. 본드걸이라는 호칭이 자연스럽게 나왔는데, 잭은 놀랍게도 이들과 필리핀 타갈로그어로 대화를 한다. 6개 국어를 자유자재로 구사한다는데, 간신히 의사소통하고 있는 내가 초라하게 느껴지기까지 했다.

본드걸이 미리 안주를 준비했다. '치즈를 곁들인 크래커', 간단하면서도 모양새 나고 와인 안주로 잘 어울렸다. 잭은 입을 열 때마다 자랑을 많이 했는데, 가만 들어보면 돈 자랑보다 와인 자랑이 더 많다.

"내 요트에 시판되지 않는 와인을 300병쯤 싣고 다니는데, 이게 일주일 분쯤 될 거야."

와인도 칵테일로 마신다는 걸 여기서 처음 알았다. 그는 아이스와인같이 달콤하고 걸쭉한 와인에 한 병 한 병 다른 와인을 섞어 하나하나 소개해주기도 했다.

"이 와인은 내가 군대 생활했던 ○○ 지역에서 생산되는 최고급품 와인~."

"이 와인은 내 와이너리에서 직접 수확한 최고급품 와인~."

"이 와인은 프랑스 주교 친구 농장에서 1년에 200박스만 생산되는 와인~."

그에게서 와인에 대한 다양한 지식과 함께 항해에 대한 많은 정보를 들었다. 밤새워 설명할 분위기라 네 종류의 와인을 맛본 뒤 사양을 했더니 자신의 농장에서 수확한 꿀을 한 병씩 선물로 주었다. 우리도 만나는 이들에게 줄 선물을 요트에 다채롭게 준비해 다니긴 하지만, 잭처럼 "내 농장에서 생산한"이라며 건네는 선물을 받으니 더 귀하고 소중하게 느껴졌다.

수비크에서 요트다운 요트를 많이 봤다. 보통의 세일링 요트는 바람에 취해서 바다를 떠도는, 어쩌면 약간은 비정상인 생활을 하는 헝그리 요터가 많다. 그래서 벳삼아호 정도면 초호화 요트 축에 든다. 우리나라는 물론 일본과 대만에서도 무게 잡고 다니던 벳삼아호가 초라해 보일 정도로 100억, 200억짜리 요트를 여러 대 만났다. 영국 할머니의 200억짜리 파워 요트는 요트 속에서 보트가 나오고, 영국 재벌 할아버지의 세일링 요트도 200억이 넘는다고 한다. 똑같은 요트 세 대를 유럽에 한 대, 미국 플로리다에 한 대, 필리핀 수비크에 한 대를 정박해놓고 요트 여행을 즐겼는데, 이제는 나이가 들어 더 즐길 세월이 없어서 한 대로 정리 중이라니 부러운 마음도 잠시, 왠지 씁쓸하고 안타까운 마음이 교차했다.

며칠 후 잭의 아들이 합류하고 세 명의 본드걸과 함께 출항하는 나마스테 호를 드론으로 추적 촬영하며 배웅했다. 멋쟁이 잭, 언젠가 또 만나리……. 그런데 왜 벳삼아호에는 본드걸이 안 어울릴까?

며칠 후 잭의 아들이 합류하고 세 명의 본드걸과 함께
출항하는 나마스테 호를 드론으로 추적 촬영하며 배웅했다.
멋쟁이 잭, 언젠가 또 만나리…….

Epilogue

항해를 마치고

도전하는 삶이 아름답다!

"우리의 항해가 요트인들에게 좋은 가이드가 되길……"

탐사대장 허광훈

항해 중 많은 사람을 만나 다양한 이야기를 들을 수가 있었다. 많은 일들이 있었지만, 이번 항해를 통해 난 당당하게 선장이란 직함을 얻었다.

踏雪野中去 답설야중거 눈 내린 들판을 걸을 때는
不須胡亂行 불수호난행 그 발걸음을 어지러이 걷지 말라
今日我行跡 금일아행적 오늘 걸어가는 나의 발자국은
遂作後人程 수작후인정 뒤에 오는 사람의 이정표가 되리니.

해외에서 요트를 구입해 들어온 사람은 많은데, 요트로 먼 거리 여행을 다녀온 사람은 많지 않아서, 요트 해외여행을 준비하면서 참고되는 이야기를 들을 기회가 거의 없었다. 그러나 우리도 이제는 서산대사의 시처럼, 우리가 다녀온 항해 뱃길 경험이 장거리 항해를 준비하는 많은 요트인들에게 좋은 가이드가 되었으면 하는 바람을 갖게 된다.

요트 여행에 대해 단순히 미지의 세계를 여행하고 그곳의 음식을 즐기는 것 정도로 생각했는데 물론 먹고 보는 것도 중요하지만, 항해 후에도 오랫동안 잊히지 않는 것은 만났던 사람들에 대한 그리움이다. 새로운 곳에서 새로운 사람을 만날 때면 저녁마다 자의 반 타의 반 파티를 했다. 다른 나라 사람들을 만나다 보니 말은 안 통해도 뜻은 통하고, 뜻은 몰라도 마음은 통한다는 말이 절실하게 다가온다.

자체 제작해 선물로 사용한 벽걸이 달력

우리는 만나고 이별할 때 선물을 주고받는 경우가 많았는데, 일단 선물을 받고 나면 그 만남이 오래 기억된다. 주로 술이나 지방 특산물을 많이 받았지만, 자신이 찍은 사진이나 기념 티셔츠를 선물로 받기도 했다. 그 어떤 경우라도 주고받는 선물에는 따뜻한 인정이 담기게 마련이다. 나 또한 요트 여행을 하면서 만나는 사람들에게 주기 위해 벗삼아호의 로고가 새겨진 티셔츠를 늘 가지고 다닌다.

이번 항해 때는 어머니께서 손수 만들어주신 무공해 수세미와 예쁜 휴대폰 고리를 준비하고, 난바다에서 입을 수 있는 바람막이 옷도 넉넉하게 준비했다. 그 덕분에 여행에서 신세 진 사람들에게 성의를 표시할 수 있어서 좋았다.

"우리의 항해가

요트인들에게 좋은 가이드가 되길……."

조금 아쉬웠던 것은 우리나라를 대표할 만한 술을 선물용으로 확보하지 못했다는 점이다. 수백만 원을 호가하는 양주에 비할 수는 없지만, 국내에도 전통 있는 증류주가 있다. 하지만 나부터도 화학식 소주가 입에 익숙하니 우리의 좋은 증류주에 손이 잘 안 간다. 다음 여행에서는 우리 술과 문화도 알릴 겸 가성비 높은 증류주를 준비해야겠다.

여행을 마친 지금은 영상 편집과 드론을 배우고 있다. 다큐멘터리를 만들면서 구구절절한 여행담보다 동영상 한 편으로 내가 느낀 감동을 더욱 효과적으로 전달할 수 있다는 것을 배웠다. 드론으로 찍은 벗삼아호는 정말 멋지다.

벗삼아호 가족이 많이 늘었다. 앞으로는 정기적으로 만나 함께 세일링을 할 예정이다. 더불어 벗삼아호의 고향이 제주이다 보니 나도 이제 제주에서 은퇴 이후의 생활을 준비 중이다.

"청소년을 위한 바다 항해학교를 꿈꾸며……"

항해사 표연봉

처음 보는 이들과 10평이 안 되는 협소한 공간에서, 그것도 줄 하나 사이로 생사가 갈릴 수 있는 환경에서 장기간 함께 한다는 것은 생각보다 쉬운 일이 아니다. 사람은 겪어보지 않고서는 성격이나 취향을 알기 어렵기 때문이다. 벗삼아호에 승선한 대원들은 사진 한 장과 짤막한 내용의 항해지원서만으로 50여 일간 생사를 함께 할 동료로 선택받은 것이다.

장거리 요트 여행을 하는 사람들의 이야기를 들어보면, 처음 시작이야 좋은 취지로 의기투합하여 출발하지만 어려운 문제에 봉착할 때마다 의견이 엇갈리는 바람에 대부분 얼굴을 붉히며 여행을 망친다는 이야기를 많이 들었다. 그래서 장거리 항해에서는 꼭 홀수로 짝을 짜야 한다는 말도 있을 정도이다. 그런데 전국 각지에서 모인 개성 넘치는 대원들로 구성된 우리 벗삼아호는 한 치의 불협화음도 내지 않고 성공적으로 항해 여행을 마칠 수 있었다.

긴 동남아 요트 여행을 성공적으로 이끌어낸 벗삼아호 대원들의 출신도를 보면 그야말로 전국구다. 강원도황종현, 경상도이종현, 제주도표연봉, 전라도김동오, 충청도심지예, 경기도윤병진·허광음·허광훈.

연령대도 다양했다. 60대허광음, 50대허광훈, 황종현, 40대김동오, 표연봉, 30대윤병진, 심지예, 20대이종현.

"경험이란 헤아릴 수 없는 값을 치른 보물이다."

-셰익스피어

역할도 그럴싸했다. 선장님, 항해가항해사, 탐사대장, 주방장, 주치의, 운동부장, 감독, 온몸으로 때우는 사람까지. 무지개가 일곱 색깔이듯, 일곱 가지 소임을 맡은 대원에 한 가지 색을 더해 팔색조의 화려한 팀워크가 만들어졌다.

누구 하나 미리 맞춰본 적도 없는데 요트 안에서 우리들은 궁합이 더할 나위 없이 잘 맞았다. 서로가 다른 목표와 꿈, 지향하는 삶의 방식도 모두 다른 이들과 함께 떠난 이 유별난 요트 여행이 우리 모두에게 잊지 못할 추억을 남겨주었다. 서로 다른 사연을 품고 각자 새로운 인생의 반환점을 꿈꾸고 있는 이들이 모여 항해를 했던 52일의 시간은 서로에게 친구가 되고, 의지가 되고, 등불이 되어준 귀한 시간이었다.

여행이 끝나고 2년이란 시간이 흘렀다. 생사고락을 함께 했던 팀원들은 지금까지 벗삼아호의 가족이란 이름으로 왕래하고 있다. 되돌아보면, 나 자신이 이번 여행의 일원으로 참여했다는 사실이 행운이었다. 허광음 선장님, 허광훈 부선장님, 그리고 맛난 음식을 만들어주신 황종현 주방장님, 대원들의 운동을 책임져주신 김동오 형님, 온몸으로 뛰어다닌 윤병진, 살뜰한 솜씨로 우리의 건강을 돌봐준 심지예 주치의, 우리의 모든 활동을 아름다운 영상으로 남기기 위해 누구보다 바삐 움직인 막내 이종현 촬영감독 모두에게 감사의 인사를 드린다. 특히 허광훈 부선장님께는 대원들에게 항상 좋은 것, 맛난 것, 재미있는 것을 조달하기 위해 힘써주신 것에 대해서 다시 한 번 감사의 말씀을 드린다.

나에겐 꿈이 있다. 요트를 타고서 우리 벗삼아 가족이 했던 것처럼 사람들에게 요트 여행을 하게 해주는 것이다. 특히 청소년들에게 말이다.

3년 전, 나의 항해가 성공적으로 이루어졌다면 지금의 난 요트 항해학교 일을 하고 있었을 것이다. 하지만 그때 난 성공을 하지 못했고, 그 꿈은 아직도 진행 중이다. 돌아보면 벗삼아호의 여행을 통해 내가 꿈꾸는 항해학교의 밑그림을 미리 맛보고 더 꼼꼼하게 준비하게 하려고 나를 잠시 되돌아가게 했던 것이 아닌가 하는 생각이 든다. 앞으로도 '길을 찾는 사람들의 바다 항해학교'를 꿈꾸는 항해가 표연봉의 노력은 멈추지 않을 것이다.

먼 훗날 내가 요트를 구입하게 되면 거창한 진수식을 열 것이다. 물론 벗삼아호의 전 대원들을 귀빈으로 모시고 말이다. "당신 멋져, 우리 멋져, 벗삼아 멋져!"를 외치게 될 그날을 다시금 그려보며, 내 배로 떠나는 벗삼아 2호의 꿈의 항해에 여러분을 미리 초대합니다.

“내 생애 다시없을 기회, 영원히 잊지 못할 추억을 선물받다”

황종현 대원

필리핀의 수비크 항을 끝으로 우리의 요트 크루는 대장정의 막을 내렸다. 돌이켜보면 나는 많이 부족한 선원이었다. 멤버로서 내세울 만한 특징도 자격도 없었지만 선장님의 따뜻한 배려로 요트를 탈 수 있었다. 수영도, 잠수도, 요트 승선 경험도 없는 나를 단지 요트 타고 싶어하는 간절한 마음 하나만 보고 여행의 일원으로 받아들여주신 선장님께 다시 한 번 감사의 말씀을 드린다. 대원들 또한 부족한 나를 배려해주고, 예의와 협동심으로 뭉쳐 벗삼아호 항해를 끝까지 웃으며 함께 할 수 있게 해주었다.

지금 생각해봐도 벗삼아호와 함께 여행한 요트 투어는 내 생애 다시없는 기회였고 영원히 잊지 못할 추억이다. 내 나이 벌써 60이 넘었다. 새로운 도전보다는 벌여놓은 일을 마무리하는 것이 더 어울릴 나이지만, 나는 새로운 경험과 도전에 나를 던지는 여행을 계속하고 싶다. 이 나이에 젊은이도 하지 못하는 요트 여행을 경험했으니 이런 행운이 또 어디 있겠는가. 생각하면 이번 요트 여행의 한 장면 한 장면이 마치 사진첩을 펼치는 것처럼 선명하게 그려진다.

선장님께 전화 면담 시에도 말했지만, 나에겐 젊은 친구들에 비해 도전할 수 있는 시간과 조건이 많이 남아 있지 않다. 시간과 돈과 체력과 열정이 남아 있는 한 난 계속 세상을 여행할 것이다. 항해 여행이 끝나기도 전

에 나의 짝 동오 씨와 이미 다음 여행지로 팔라우에서 다이빙과 텐트 여행을 함께 하기로 계획을 세웠다. 이 글을 쓰는 순간에도 나는 아내와 함께 비행기를 타고 여행 중에 있다.

요트 투어가 끝나기 하루 전날, 동오 씨와 나는 마닐라 행 버스를 타고 나와서 팍상한 폭포를 거슬러 올라가는 다이내믹한 관광을 즐겼다.

요트 여행이 끝나는 수비크에서 우리는 아쉬운 이별을 했다. 다이빙 자격증 취득을 위해 남은 세 사람을 제외한 우리 일행은 귀국행 비행기에 올랐다.

벗삼아호! 지금 이 순간도 여전히 그립다. 나이가 있어서 기회를 잡기도 어려웠는데, 선장님의 선택과 배려가 시간이 지날수록 새록새록 감사와 감동으로 다가온다. 영원히 잊지 못할 추억을 선물해주신 선장님과 6명의 대원에게 내 인생의 소중한 인연이 되어주어 고맙다는 말을 전하고 싶다. 표 항해사의 노련한 항해, 의사 지예 씨의 간호와 처방약, 사진 찍느라 힘든 일정을 보낸 막내 종현 씨, 나의 동료 동오 씨, 두 달여간 한 배에서 생사고락의 추억을 함께 한 병진 씨, 동갑의 나이지만 생각이 다른 광훈 씨, 한 사람 한 사람의 얼굴과 모습이 떠오른다. 벗삼아호, 영원하길! 사랑하는 대원들 모두 어디에서든 파이팅!

"내 생애 다시없을 기회,
영원히 잊지 못할 추억을 선물받다."

"10년 후 타임캡슐 앞에서 우리의 항해를 추억할 수 있길……"

김동오 대원

항해를 시작할 때는 52일간의 여정이 무척 긴 시간이라고 느꼈다. 그리고 좁은 공간에서 어떻게 8명이 부대끼고 살까 살짝 걱정도 되었다. 하지만 그 52일의 시간이 눈 깜짝할 사이처럼 너무나 빨리 지나간 것 같다. 마치 요트 안의 시간과 공간이 요트 밖의 세계와는 별개로 흘러간 것처럼.

난생 처음 보는 바다 풍경들, 바다에서 바라본 하늘, 바다 냄새, 바닷바람, 거센 파도 등등 모든 것이 이젠 너무도 익숙하고 그립다. 망망대해 만월의 밤바다에서 보았던, 해와 달이 함께 떠 있는 하늘여신의 두 눈망울은 평생 잊지 못할 것이다. 요트 위 갑판에 누워 하얀 세일 위로 달무리가 무지개처럼 지는 모습을 보던 기억도 새롭다. 칠흑 같은 밤바다에 마법의 가루를 뿌린 듯 현란했던 야광충의 춤사위와, 야광충을 가르며 달릴 때 내던 벗삼아호의 휘파람 같은 세일링 소리도 잊을 수 없는 추억이 될 것이다.

다시 만날 날을 기약하며 필리핀 어느 이름 모를 장소에 고이 묻어두고 온 타임캡슐. 열정으로 써내려간 우리 모두의 소망이 지금 이 시간에도 10년 후를 기약하며 곱게 잠들어 있을 것이다.

지금 육지의 각처를 달리면서 문득문득 떠오르는 그때의 풍경들.

고요와 적막만 있을 뿐 별빛조차 몸을 숨기는 칠흑의 밤바다, 3~4m의 파도를 넘나들며 요동치던 요트의 모습, 바다 한가운데서 만난 스콜, 샤워하듯 어마어마하게 쏟아지는 소나기로 브릿지 커버가 주저앉던 모습, 돌고래들과 날치와 함께 달리던 모습, 바다를 가르는 요트 뱃머리에서 나는 벗삼아호의 휘파람 소리…….

내 기억 속에 저장된 이 모든 것들이 지금 육상에서 부딪치는 일상의 소소한 어려움은 아무것도 아니라고 속삭인다. 10년 후 다시 만나 타임캡슐 앞에서, 10년 전 우리들의 항해가 정말로 아름답고 즐거웠다고 다시 말할 날을 손꼽아 기다리며…….

풍등

바다의 말들이 모여

하늘의 별들을 만든다

하얀 별, 초록 별, 빨강 별

말들의 울음소리에

별들이 하늘 높이 솟아오른다

하나, 둘, 셋

바다 말들은 파도 위로 뛰놀고

별들은 바람에 반짝인다

아! 모험이여, 자유여, 사랑이여…….

"해보지 않고는 절대 알 수 없는

모험과 흥분과 낭만의 세일링 여행!"

"지구별 여행에 최적화된 아주 멋진 바다 장난감!"

윤병진 대원

후회는 언제나 뒤늦게 오는 법. 이번 요트 투어를 통해 새삼 깨달은 사실 하나는, 언제든 삶의 가능성을 놓으면 안 된다는 사실이었다. 이번 투어에서 스쿠버 다이빙 자격증이 없어서 다른 대원들이 일본과 필리핀 등지에서 스쿠버 다이빙을 할 때 함께 즐길 수가 없었다. 지원서를 제출한 후 합격 여하에 상관없이 바로 스쿠버 다이빙 자격증을 준비했다면 동참할 수 있었을 텐데 그러지 못한 것이 여행 내내 큰 아쉬움이었다. 나와 막내 종현이는 자격증을 소지한 대원들이 바다 밑에서 호흡할 때 나오는 공기방울을 수면 위에서 바라보며 스킨스쿠버만을 해야 했다. 이때 귀국 전에 막내 종현이와 함께 꼭 자격증을 취득하기로 마음먹었다.

요트 세일링의 모든 일정이 끝나고 필리핀의 수비크 마리나에서 해단식을 한 뒤 나는 지예 대원과 막내인 종현이와 함께 필리핀에 남아서 기어코 다이빙 자격증을 취득했다. 요트 여행은 끝났지만, 이제라도 다음을 위해서 준비했다 생각하니 마음이 편해졌다. 이때 셋이 함께 했던 필리핀에서의 또 다른 여행도 가슴에 깊이 남아 있는 추억이다.

나는 산악인들이 히말라야 등반 시 셀카로 영상을 남기듯 의미 있는 순간마다 매번 셀카를 이용해 영상 기록을 남겼다. 이 책의 사진 속에서도 내가 셀카봉을 들고 있는 것을 쉽게 찾아볼 수 있는데, 바로 이런 이유이다. 이것이 훗날 나의 큰 자산이 될 거라 여겨서 항상 셀카봉을 들고 다니며 촬영을 했다. 2년이 지난 지금 영상을 다시 돌려보면 그런 때가 있었나 싶을 정도로 기억에서 희미해진 순간들이 많아 촬영해놓길 참 잘했다는 생각이 든다. 야간 항해 시 쏟아지는 별 아래에서 영상을 기록하고 싶었으나 너무 어두워 촬영이 불가할 때는 그때의 심정을 녹음해서 기록하기도 했다. 인생에서 다시 갖기 힘들 순간이기에 모든 것을 담아 간직하려 했다.

이번 세일링 여행 동안 잊을 수 없는 순간들이 셀 수 없이 많지만 그중 몇 가지를 적어본다.

첫 번째, 필리핀의 섬 아나왕인 코브이다.

수비크 마리나로 항해하던 중 한밤중에 도착한 필리핀의 한 섬으로, 달빛에 비친 섬의 모습이 특이하고 너무 아름다웠다. 동이 트자마자 눈앞에 펼쳐지게 하고 싶어 스카이 브릿지 뒤편에서 지붕 없이 잠을 청했다. 국내에서 자전거 여행을 다닐 때도 지붕 없는 곳에서 하늘을 보며 잠드는 것을 매우 행복해했다. 쏟아질 듯한 별과 바닷바람을 친구 삼아 침낭에서 잠들었었다.

아침에 일어나서 보니 판타지 영화의 모티브가 될 만한 섬이 눈앞에 펼쳐졌다. 온갖 판타지 영화의 장면들이 오버랩되면서 이 섬에 입혀졌다. 이 섬만 보고 있어도 나도 판타지 소설의 작가가 될 수 있을 것 같은 영감이 떠올라 이런 느낌을 셀카 영상으로 기록했던 때가 생각난다. 지금도 아나왕인 코브를 떠올리면 그 웅장한 형상과 색채들이 신기루처럼 기억 속에서 샘솟는다. 이 섬에서 느꼈던 그때의 놀라운 기억을 평생 잊을 수가 없을 것 같다.

두 번째, 잭 선장의 나마스테 호이다.

필리핀 수비크 항에서 계획에 없던 잭 선장의 초청으로 우리 일행은 그가 소유한 호화 요트 나마스테 호에 방문했다. 전문 요트인이었던 잭은 한동안 손을 놓았다가 최근에 와서 30억이라는 거금으로 요트를 구입해 또다시 여행 중이라고 했다. 특급호텔을 방불케 하는 초호화판 요트 시설에 벌어진 입을 다물지 못했다. 영화 007 시리즈의 남자 주인공이 쭉쭉 뻗은 미녀들과 와인을 즐기는 영화 장면을 연상시켰다.

여행 경비 걱정 없이 요트로 세계여행을 즐기는 잭의 삶이 부러웠다. 이러한 꿈 같은 삶을 즐기는 사람을 직접 만났다는 것이 내겐 아주 큰 경험이었다. 이 경험으로 나 또한 잭 선장처럼 요트로 세계를 누비며 여행하는 순간을 만들겠다는 각오와 꿈을 동시에 품게 되었다. 이 아름다운 지구라는 곳에 인간이라는 무한한 가능성의 존재로 태어나서 평생 일만 하다가 여생을 보내야 한다는 건 너무 안타까운 일이다. 원하는 만큼 꼭 부를 이루어서 지구의 아름다운 곳곳을 여행하고 싶다. 돈이 있으면 경험할 기회가 많아지고, 경험이 많으면 삶이 행복해지는 게 삶의 진리니까.

선장님께서 여행 막바지에 본인의 경험을 담아 부자학 특별 강의를 해주셨는데, 부를 이루어야 하는 이유들 중에서 자신의 가족을 지키면서 행복한 인생을 살기 위한 좋은 수단이 될 수 있다는 점에서 많은 귀감이 되었다. 요트 여행을 해보니 세상엔 요트로만 갈 수 있는 아름다운 곳이 너무도 많았다. 돈이 있어도 하기 힘들다는 세일링 여행. 출산의 고통과 행복감은 여자만이 알 수 있는 것처럼 요트 여행에 따른 어려움과 행복감 또한 해본 사람만이 알 수 있는 것이었다. 우리나라에도 요트 문화가 널리 보급되어 많은 사람들이 이런 꿈같은 경험을 할 수 있기를 바란다. 언젠가는 요트라는 재미있는 장난감을 가지고 나만의 여행을 떠날 것이다. 이 꿈을 이루기 위해 꼭 부를 이루려고 한다.

세 번째, 마크 트웨인의 명언이다.

"Twenty years from now you will be more disappointed by the things you didn't do than by the ones you did do. So throw the bowlines. Sail away from the safe harbor. Catch the trade winds in your sails. Explore. Dream. Discover.

"20년 후 당신은, 당신이 했던 일보다 하지 않았던 일들로 인해 더욱 실망하게 될 것이다. 그러므로 돛줄을 던져라. 안전한 항구를 떠나 항해하라. 당신의 돛에 무역풍을 가득 담아라. 탐험하라. 꿈꾸라. 발견하라."

대만에 정박을 때 에릭이라는 외국 요트인과 인사를 나눈 적이 있다. 그때 그가 건네준 명함 뒤에 위의 마크 트웨인 명언이 적혀 있었다. 마치 우리를 두고 하는 얘기인 것 같았다. 에릭은 17년 동안 세계여행만 하고 있고 지구를 세 바퀴나 돌았다고 했다. 자국에 있는 집은 월세를 주고 거기서 나오는 돈으로 요트 여행을 다닌다고 했다. 그는 요트 안을 보여주면서 희귀한 섬을 다니며 촬영한 영상까지 보여주었다.

며칠 후 에릭은 한국의 요트인 중 한 명인 이중식 교수와 만나서 같이 바다로 떠났다. 이중식 교수는 예전에 세일링을 하던 중 태풍을 만나 필리핀의 한 섬에서 표류한 적이 있었는데, 위에서 언급했던 책의 구조 요청으로 구조되었던 적이 있다고 했다. 이렇듯 이번 여행은 세계여행을 다니고 있는 많은 사람들을 만나고 마크 트웨인의 명언만큼이나 하루하루 심장 뛰는 나날의 연속이었다.

꿈의 세일링 여행을 다녀와서 알게 된 놀라운 사실이 하나 있다. 이 점은 모든 분들의 가슴속에 꼭 새겨드리고 싶은 내용이다. 여행 복귀 후 인생 계획을 다시 정리하던 중 버킷리스트를 작성해놓은 것을 오랜만에 꺼내보게 되었다. 여기에 가슴을 쓸어내리게 한 내용이 있었다. '2014년 고급 해양스포츠를 즐긴다 요트, 스킨스쿠버.'

이것은 내가 수년 전 써놓았던 목표였다. 내가 잊고 있던 사이 나도 모르게 내 인생이 그 계획 안에 들어와 있었던 것이다! 여기서 뼛속 깊이 느낀 건, 사람은 그 가슴속에 깊이 자리하고 있는 열망을 따라 그의 인생이 흘러가게 된다는 사실이다. 비록 의식하지 못하고 있다 해도 말이다.

이 글을 읽는 모든 분들 또한 이루고자 하는 것이 있다면 꼭 글로 적어 놓으시기 바랍니다. 그 순간 여러분의 인생은 써놓은 데로 흘러가게 되실 겁니다. 제 경험담입니다.

선장님께서는 미국 마이애미에서 요트를 구매하신 후 제주도에 오셔서 1년 넘게 요트에서만 생활하셨다. 그 안의 모든 장비를 분해 조립해보시면서 연구하여 3년 넘게 항해 경험을 하신 후에 우리를 만나시게 되었다. 일본의 어느 섬에서 다이빙을 하고 오던 중 배 안에서 말씀드렸던 얘기가 있다. 선장님의 그간 수년 동안의 고생이 없었다면 우리 모두가 이런 비현실적 이리만큼 행복한 세일링 여행을 절대 경험할 수 없었을 거라고 말이다. 그 점에 깊은 감사를 드린다. 여기까지 오시기 위한 그간의 시간과 노력들이 이어질 수 있도록 언젠간 요트의 선장이 되어 후대에 전하고 싶다는 생각이다.

사실 요트로 큰 파도 속을 항해할 때 가장 힘든 일은 뱃멀미였다. 멀미를 가시게 할 방법으로는 요트 위에 나와서 바닷바람을 쐬며 노래를 부른다거나 아니면 어디든지 누울 수 있는 공간을 찾아 드러눕는 일이다. 하지만 기상이 안 좋은 야간 항해 때는 그렇게 하기 어렵다. 살롱 내에서 요트와 기상을 살피며 대원 모두의 안전을 위해 잠을 안 주무시고 고생해주신 선장님과 표 항해가 형님께 찬사를 보내드리고 싶다. 물론 스카이 브릿지에서 두 명씩 돌아가며 불침번을 서긴 했지만 선내인 살롱에서 누워 있지 않고 앉아서 밤새 버티고 있는 것은 여간 고된 일이 아니다. 요트 경력 20년이신 표 항해가 형님도 간혹 구토를 하실 때가 있을 만큼 견디기 어려운 일이기 때문이다.

그리고 벗삼아호의 군기반장이셨고 살림을 담당해주시느라 늘 할일이 많고 바쁘셨던 부선장님 바람 삼촌, 계속된 멀미로 입맛이 없을 때 커피 원두로 맛을 낸 기가 막힌 수육으로 식사를 챙겨주신 둔마 삼촌, 스쿠버 다이빙 인스트럭터로서 다이빙 시 안전을 책임져주시고 검술을 가르쳐주셨던 동오 형님, 담수가 담긴 1.5리터 페트병 한 통으로 샤워하는 법을 알려주시고 신념의 항해술을 보여주신 표연봉 항해가 형님, 초대했던 일본인 가족에게 김치 레시피를 전수해줬던 팔방미인 팀닥터 겸 여행가이드 '인절미' 지예, 드론으로 촬영한 화려한 영상으로 우릴 놀라게 하고 여행 내내 대원들을 촬영해주느라 본인 사진은 별로 남기지 못한 막내 종현이, 이들 모두의 희생과 노력에 감사를 표한다.

'꿈의 세일링'이라는 타이틀을 가지고 대한민국 최초로 시도한 동남아 세일링 일주. 요트는 출항을 하게 되면 엄연한 대한민국의 영토가 된다고 한다. '벗삼아호'라는 국가 안에서 두 달이라는 시간을 함께한 7명 모두는 그 숫자가 말해주듯 내 인생의 행운이고 보물이었다. 이번 요트 여행을 함께한 7명의 대원을 떠올리며, 감사하는 마음을 담아 그들의 이름으로 삼행시를 지어본다.

[허광음]

허구속의 착각인 듯 행복 물살 위를 질주하는 흰나비

광활한 태평양 한가운데 물결 따라 흐르는 당신의 시 한 수

음영이 펼쳐진 화려한 물빛처럼 다채롭게 숨 쉬는 인생의 신세계

[허광훈]

허무함을 뒤로하고 내밀었던 작별의 악수가

광야에서 발견한 행복으로 다시 꽉 쥔 주먹이 되어

훈훈한 바람에 눈이 녹듯 새 계절로 피어 만개한 손이 되리라

[표연봉]

표류하게 했던 바다조차 늘 마음의 고향

연장을 쥔 손과 함께 신념을 다한 멋진 항해술

봉황이 날개를 펄럭이듯 새로이 태어날 당신의 흰나비

[황종현]

황금 레시피의 향연을 연주하시던 미식의 악기

종일 시달리던 멀미를 잊게 해주신 미식의 향연

현실 같지 않은 여행과 함께 빠진 미식의 여행

[김동오]

김이 모락모락 요리에 이야기를 입히는 사나이

동심을 간직한 채 바다 속을 탐험하는 사나이

오랜 시간 한 길만 걸어온 검술의 사나이

[심지예]

심심할 새 없이 안내해주는 현지인급 가이드

지극정성 상처를 치료해주는 백의의 천사

예사롭지 않은 씩씩한 홍일점 대원

[이종현]

이번 여행의 소중한 순간들을 담기 위해

종이 비행기를 날리듯 드론을 하늘에 쏘아올려

현재껏 본 적 없는 아름다운 영상을 최초로 기록하다

난 아직도 '꿈의 세일링 여행'의 멤버였던 것이 실감이 안 난다. 정말 내 인생에 있었던 일이었는지 아직도 어리둥절하다. 그때 찍은 영상을 보고 나서야 다시 확인한다. 그리고 너무 행복해서 눈물을 흘린다.

"이렇게 내 가슴을 뛰게 했던 것이 또 있을까?"

팀닥터 심지예 대원

이래봬도 어디 가서 여행이라고 하면 꿀리지 않을 정도의 연륜과 내공이 있다고 자부했다. 2004년 대학 2학년 때 친구와 둘이 떠난 한 달간의 국내 일주를 시작으로, 누구나 다 간다는 유럽 배낭여행을 거쳐, 수련 과정 중에도 1~2년에 한 번씩은 해외에 나갔다. 급기야는 2015년을 통째로 쉬고 버킷 리스트 중 하나인 세계여행에 나섰다.

4년간 레지던트를 하면서 모은 돈과 전세금 일부로 파리에서 출발한 육지 여행은 북아프리카와 중미를 거쳐 다시 바다로 이어졌다. 남들은 결혼하고 애가 있을 나이, 여자 혼자 캠핑부터 홈스테이까지, 나쁜 사람 좋은 사람 이상한 사람들도 만나고, 감동하기도 하고 화를 내기도 하면서 나름 여행에 잔뼈가 굵어졌다고 생각했다.

그러나 요트 여행은 그동안 내가 경험했던 여행과는 차원이 다른 신세계였다. 처음 제주도를 벗어나 사방을 둘러보아도 육지가 보이지 않았을 때의 그 두려움과 설렘은 배낭 메고 모르는 도시에 나 혼자 서 있을 때 느꼈던 그것과는 전혀 다른 종류의 느낌이었다. 눈에 보이는 길도 없고, 사람도 없고, 다른 배들도 보이지 않는다. 우주여행을 하면 이와 비슷한 기분일까? 뭐라고 한마디로 설명하긴 어려운데…… 이건 한 차원 더 높은 자유라고 할까.

쪽잠을 자가며 논문을 완성하다!

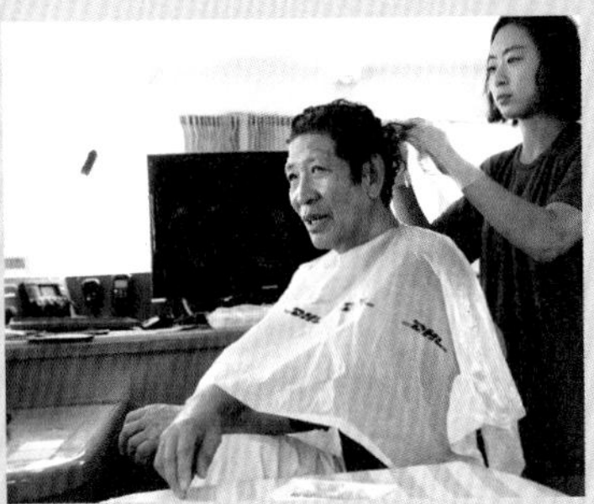

어느 때는 인어공주였다가 또 어느 때는 벗삼아 공식 미용사였다가……

우리가 여행했던 대부분의 섬들은 일부러 찾아가기에는 상당히 불편한 지리적 위치에 있었다. 이름조차 처음 들어본 섬도 많았고, 배가 들어오면 섬에 있는 거의 모든 주민이 우리를 구경하러 오기도 했다. 우리는 마음만 먹으면 바다와 연결된 어느 곳이라도 우리 힘으로 갈 수도 있었고, 시간이 허락하는 한 있고 싶은 만큼 있어도 됐고, 심지어 바다 한가운데에서도 심해만 아니라면 앵커를 내리고 낚시를 하기도 했고, 스노클링을 하기도 했고, 그냥 햇빛을 쬐며 한가롭게 누워 있기도 했다. 심지어 아무것도 안 하기도 했다!

일본 남단의 아마미라는 섬에서 우리는 기상 악화로 며칠째 발이 묶여 있었다. 잠시 와이파이를 찾아 밖으로 나갈라치면 우비를 쓰고도 비가 어디서 들어오는지 머리가 흠뻑 젖어버리기 일쑤였다. 그러나 일본에서 대만으로, 다시 필리핀으로 넘어가는 두 번의 큰 고비가 우리를 기다리고 있었다. 며칠이고 묶여 있다가는 앞으로의 일정도 기약 없이 엿가락처럼 늘어지게 된다. 틈틈이 기상 앱을 몇 개씩 돌려보며 새로운 예보를 체크했고, 나중에 필리핀 일주 여행에도 함께 했던 베테랑 항해가 김선일 씨를 비롯한 몇몇 항해 전문가 분들이 우리의 지원팀으로 한국에서 항해 경로와 기상 정보에 대해 조언을 해주셨다. 이제 결정은 오롯이 선장님의 몫. 배에서는 선장님 말씀이 곧 법이다. 고심하시던 선장님은 야간 출항을 결정하셨다.

배가 정박해 있는 곳은 작은 만으로 되어 있어 태풍이 와도 잔잔하지만, 만을 벗어나 외해로 나가면 어떤 너울과 파도가 우리를 기다리고 있을지 알 수가 없다. 더구나 야간 항해라서 먼 파도는 보이지도 않는다.

과연 항구를 벗어나자마자 배가 흔들리기 시작했다. 파도가 갑판 위까지 치고 올라와 우리 모두는 구명조끼와 하네스를 하나씩 차고 브릿지 주위의 기둥을 잡고 서 있어야 했다. 이렇게 파도와 조류가 세고 시야도 좋지 않은 밤에 배 가장자리로 갔다가 자칫 잘못해 떨어지기라도 한다면 구조는 거의 불가능하다. 그러나 이상하게도 무섭지가 않았다. 오히려 가슴

"보통의 삶을 살아가면서

언제 또 이렇게 가슴이 두근거릴 수 있을까?"

이 두근두근 벅차오른다. 이렇게 가슴이 두근거렸던 때가 언제였나. 보통의 삶을 살아가면서 언제 또 이렇게 가슴이 두근거릴 수 있을까?

항해 도중 급하게 면접을 치르고, 귀국 한 달 후 새로운 직장에서 일을 시작했다. 다른 대원들도 지금은 각자의 자리에서 언제 여행을 했냐는 듯 다시 원래의 삶을 살고 있을 것이다. 이 글을 쓰고 있는 지금, 벗삼아호와 함께 한 52일이 마치 기나긴 꿈을 꾼 것같이 느껴진다. 아마 시간이 지나면 지날수록 그때 느꼈던 모든 감정, 감동과 기억들이 조금씩 흐려질 것이다.

그러나 어제의 나와 오늘의 내가 다르듯 우리의 여행은 내 안의 어딘가에 자리 잡아 나도 모르게 내 삶을 조금은 다른 방향으로 이끌고 있을 것이다. 분명한 건 그 52일 동안 나는 전보다 조금 더 행복했고, 그 시절을 떠올리면, 설명하기 어렵지만 마치 답답한 셔츠의 맨 윗단추를 푸는 것 같은 그런 느낌의 추억 하나를 갖게 되었다. 그리고 수많은 여행자들이 이구동성으로 이야기하는 '사람'. 그렇게 나는 큰아버지 같은 선장님, 친삼촌보다 더 친한 삼촌들, 오빠들, 동생을 얻었다.

우리는 오늘도 안전한 항구를 벗어나 파도가 치는 칠흑 같은 바다로 나아간다.

가슴이 뛴다.

“벗삼아호 대원들과의 여행, 그리고 바다를 사랑하게 되다”

촬영감독 이종현 대원

필리핀 수비크에서 모든 여정이 끝났지만, 앞으로 이렇게 좋은 사람들과 또 언제 요트를 타고 먼 바다를 나갈 수 있을까라는 아쉬움이 남는다.

여행을 하며 촬영한 부분에 대한 아쉬움은 물론, 더 잘할 수 있었는데 하는 안타까움도 남는다. 카메라를 다루면서 이미 지난 일에 대해서는 미련을 남기지 말자는 생각을 늘 가져왔지만, 이번 벗삼아호 세일링을 하며 촬영한 영상에 대해서는 좀체로 미련을 떨쳐내기가 힘들었다. 그만큼 아름답고 소중했던 순간들이었다는 방증일 것이다.

모두들 각자의 위치로 돌아가 일상으로 복귀했겠지만, 촬영한 영상을 편집하고 마무리하는 날이 내겐 진정한 벗삼아호 하선 날이 될 것이다.

선장님을 포함한 모든 벗삼아호 대원들이 안전하게 여행을 마치게 되어 다행이었고, 52일이라는 짧지 않은 바다 여행을 결코 잊지 못할 것이다. 그리고 나에게는 여행의 사진과 영상이라는 훌륭한 자료가 덤으로 주어져서 어디에도 비길 수 없는 소중한 보물이 되었다.

이번 여행으로 바다의 다양한 참모습을 알게 되었고, 바다를 더욱 사랑하게 되었다. 소중하고 값진 여행과 추억과 인연을 만들어준 선장님을 포함한 벗삼아호 모든 대원들께 이 자리를 빌려 감사와 사랑을 전한다.

드론 촬영을 위한 준비 자세!

"벗삼아호 대원들과의 여행,

그리고 바다를 사랑하게 되다."

드론으로 찍은 우리들의 즐거운 한때!

부록

★벗삼아호 선장의 선상 부자학 강의

★벗삼아호 가족들의 항해 규칙

벗삼아호 선장의 선상 부자학 강의

벗삼아호 선장 허광음

부자학 강의 1탄

항해 도중 젊은 대원들을 위해 내가 해 줄 수 있는 것이 무엇인가 찾다가 생각한 것이 그들을 위한 '부자 만들기' 강의였다. 순전히 내 경험을 토대로 즉흥적으로 총 8회에 걸쳐 강의를 했던 내용을 정리해보았다.

내가 생각하는 이 시대 '부자'의 정의

가진 돈으로 따지면 수천억 혹은 수조 원을 가진 사람들도 많지만, 그런 재산가는 특별한 재운을 타고난 유별난 사람들이다. 내가 생각하는 부자는 부모로부터 특별한 유산을 물려받지 못했지만, 오로지 자신의 능력으로 공명정대하게 사회의 정의와 도덕적 잣대에 벗어나지 않는 사업을 하여 재산을 모은 사람들이다.

최근 어느 경제연구소에서 우리나라의 부자들을 분류한 것을 보면, 자기 명의의 집 이외에 금융자산을 10억 이상 가지고 있는 사람들로 모두 17만 6천 명이라고 했다. 이는 총인구 대비 0.4%이므로 1,000명 중 4명꼴이다. 어떤 이는 100억 이상 가지고 있어야 부자라고 한다. 맞는 말이다.

하지만 평범한 사람이 아무리 노력한다 해도 100억을 벌기는 정말 어렵다. 우리나라 성인 남자가 학업과 군무를 마치고 직장에 들어가서 돈을 모을 수 있는 나이를 30살이라고 한다면, 직장생활을 하는 30년 동안 받는 모든 급여를 다 모아도 아주 특별한 경우가 아니라면 30억이 불가능하다. 하물며 쓰면서 모은다면, 은퇴 시 수억의 재산이나마 가지고 있으면 성공적이라고 할 수 있는 것이 현실이다. 하지만 이런 사람은 평범한 중산층이지 부자는 아니다.

세상에는 부자가 되려는 사람들을 위한 책들이 넘쳐나고, 부자의 길을 가르쳐주

는 선생님들도 많지만, 불행하게도 책을 쓴 저자나 선생님들도 자신이 부자가 되기 위해 책을 쓰고 남을 가르치는 것일 뿐, 진짜 부자는 특별한 몇몇 사람을 제외하고는 그런 책을 쓰지도, 남에게 부자 되는 법을 가르치지도 않는다.

나는 내 자신에게 혹은 우리 사회에 부끄럽지 않은 일을 오랫동안 해옴으로써 작은 부를 축적할 수 있었고, 지금은 비교적 금전적으로 자유롭게 살고 있으니 위의 분류대로 한다면 부자라고 할 수 있다. 내가 하는 부자학 강의는 어디에서도 쉽게 들을 수 없는 강의다. 치부致富를 목적으로 하지 않는 부자가 하는 부자학 강의니까.

내 경험을 바탕으로 새롭게 분류하는, 이 시대의 부자들을 구분하는 척도는 아래와 같다.

- 종합소득세를 연간 1억 이상 내는가?
- 억대 자동차를 타고 10억대 이상의 집에서 사는가?
- 분기별로 한 번 이상 순수 관광 목적을 위한 해외여행을 하는가?

앞에 열거한 세 가지 중 한 개도 해당되지 않으면서 수백, 수천억을 가진 사람들도 물론 있다. 나는 화장실 하나짜리 단독주택에 살면서 10년 넘은 소나타를 몰고 다니는 500억짜리 빌딩의 건물주도 알고 있다. 또 세금은 쥐꼬리만큼 내면서 수천억 자산을 가진 자들도 있다. 이런 인간들은 부자가 아니라 도둑놈이다. 하지만 돈을 벌면 쓰는 재미도, 자랑하는 재미도 있다. 우리네 평범한 사람들의 기준으로 보면, 앞에 열거한 세 가지 기준 전부를 맞추기 위해서는 상당한 재산을 가져야 가능하다는 것을 알기 쉽게 말한 것이다.

부자를 미워하면 부자가 될 수 없다

그럼 왜 부자가 되어야 할까? 앞에서 열거한 것들을 얻고 싶어서? 인생을 행복하게 만들기 위해서? 자유로워지기 위해서? 많은 답이 있겠지만 내가 생각하는 가장 중요한 이유는, '나와 내 사랑하는 가족이 즐겁고 행복해지기 위해서'이다. 좀 더 직설적으로 이야기한다면, 내가 사랑하는 배우자와 아이들이 남에게 업신여김을 당하지 않고 당당하고 행복하게 살게 하기 위해서 내가 부자가 되어야 하는 것이다.

그렇다면 돈은 무엇이라고 생각하는가? 돈은 내가 필요한 것을 사기 위한 도구이다. 좀 더 철학적으로 이야기한다면, 돈은 내 자신과 가족의 행복을 사기 위한 도구이다. 이 도구가 더럽다는 개념을 가지고 있으면 절대 부자가 될 수 없다. 돈을 더럽고 추한 것으로 생각하는 순간 돈은 우리에게서 멀어진다. 탐욕으로 돈의 성격이 변질될 수도 있지만, 실상 우리는 돈으로 너무나 많은 아름답고 고귀한 일들을 할 수 있다.

예전에 우리 선조들은 청빈을 큰 덕목 중 하나로 삼았다. 그것은 관직에 있는 사람들이 수많은 사람들의 청탁을 물리치고 권력을 이용한 탐욕과 치부를 막아보자는 의미의 시금석일 뿐, 일반 백성들과는 상관없는 말이다. 모두들 열심히 일하고 돈을 모아 부자가 되어야 세상이 밝아지고 맑아지고 행복해진다. 스위스, 뉴질랜드,

일본, 독일처럼 국민들이 대부분 잘살면 법치가 이뤄지고, 사회가 풍요로워지면 살기가 재미있어진다. 반대로 아시아나 아프리카 빈국들은 무법천지에 야만이 창궐한다.

혹자는 방글라데시 같은 나라의 행복지수가 우리보다 높다며, 반드시 돈이 많아야 행복한 것이 아니라고 강변한다. 내가 보기에 그 이야기를 하는 사람은 절대 부자는 아닐 것이다. 그건 자기합리화다. 방글라데시에 근무하다 온 친구 이야기를 들어보면, 실제로 그곳은 범법과 야만이 판을 치고 행복이라는 개념조차 사치스러운 곳이란다.

부자는 어떤 상황에서건 '자유'를 선택할 수 있다

사람들은 자유를 꿈꾼다. 자유란 현대사회가 추구하는 큰 사회적 공통선이다. 자유에도 두 가지 종류가 있다. 첫째는 '내가 하고 싶은 것을 할 자유'이다. 내가 먹고 싶고 사고 싶고 여행을 떠나고 싶을 때 꼭 필요한 것이 돈이다. 그런데 이보다 더 절박한 자유가 있다. 그것은 '내가 하고 싶지 않은 것을 하지 않을 자유'이다. 이 자유를 얻으려면 정말 부자가 되어야 한다. 믿기지 않겠지만, 겨울이면 수만 명의 우리나라 부자들이 추운 겨울을 피해서 경치 좋고 먹거리 풍족한 동남아 어느 리조트에서 가족과 함께 겨울을 따뜻하게 보내고 봄에 귀국한다.

부자들을 질시하고 1등에게 돌팔매질을 하는 사람이 부자가 될 수는 없다. 이 사회가 추구하는 최고의 선은 부와 명예이다. 가난과 불명예가 사회가 지향하는 목표가 될 수는 없는 것 아닌가? 재벌을 폄하하고 부자들을 질시하면서 우리 자식들은 무엇을 이룰 것으로 기대하는가? 졸부도 추하지만 가난은 더 추한 것이다. 우리 근대사의 비극과 태생적 모순 속에서 이 정도 부를 이룬 것에 모두들 자긍심을 갖고 부를 추구하자. 돈은 절대 더럽지 않다. 모두들 부자로 거듭나 자유롭고 행복해지자.

부자학 강의 2탄

부자가 되려면 중장기 인생 계획표를 작성하라

부자가 되려면 남다른 중장기 인생 계획을 세우고 이를 실천해야 한다. 직장생활을 하는 사람이든 자영업을 하는 사람이든 모두 부자가 될 수 있다. 인류 역사를 통해 변하지 않는 진리는 남과 같이 해서는 남다를 수가 없다는 것이다. 그리고 무엇인가를 희생하거나 위험 부담을 지지 않고는 절대로 큰돈을 모을 수 없다는 것이다.

우선 큰 그림을 잘 그려야 한다. 재산 증식을 위해 반년, 1년, 5년, 10년, 20년의 중장기 계획표를 아주 디테일하게 작성해보아야 한다. 방법은 이렇다.

첫 번째, 일정 연령에 도달할 때 자신이 갖고 있기를 원하는 재산 규모를 결정한다. 예를 들면 55세 때 어떤 멋진 집에서 살고, 현금은 어느 정도 보유하고, 회원권은 어떤 것을 가질 것이며, 차는 또 어떤 것을 타고 다닐 것인지, 또 자식들에게는 어느 정도의 재산을 주어 분가시킬 것인지 등등 자잘한 것까지 자세하게 적어가면서 규모를 결정하다 보면, 자신이 미처 생각지도 못했던 새로운 아이디어가 떠오르고 신선한 의욕이 생기는 것을 느낄 것이다. 이게 부자가 되는 첫걸음이다.

여기서 잠깐 생각해볼 것은 좋은 차, 좋은 집, 현금, 회원권, 귀금속, 투자, 재벌 등의 단어에서 속됨, 부정부패, 금권주의 등의 단어가 연상된다면 그건 이 글을 읽는 당신이 이 시대에 맞지 않는 빗나간 사상에 영향을 받았음을 의미한다. 모든 살아있는 생명체는 태어나자마자 먹고사는 문제에 매달린다. 이건 종교도 사상도 뛰어넘는 문제이고, 인간 존엄도 넘어서는 생명 근원의 문제이다. 때문에 가장 신성하고 절대적인 권리임과 동시에 의무이다. 대한민국이라는 좁은 땅덩어리를 뛰어

넘어 조금만 안목을 크게 갖고 보면 그런 부정적 사고가 우리 모두에게 절대 득이 될 것이 없음을 알게 될 것이다.
앞에서 정한 재산을 모으기 위해 거꾸로 시간을 환산하여 20년, 10년, 5년, 1년 단위로 계획표를 세워보면 지금 있는 나의 자리가 확연하게 드러날 것이다. 그러면 어떻게 해야 구체적으로 세운 목표를 달성할 수 있는지, 그것이 실현 가능한지 불가능한지, 지금은 불가능하지만 자신의 입지가 좀 더 높아지면 그땐 실현이 가능한지 등이 분석될 것이다. 상세하고 실현 가능한 계획표가 나로 하여금 목표에 이르게 하는 자기최면 효과를 만든다.

두 번째, 이렇게 세운 계획표를 기준으로 일단 실현 가능한 기본적인 종잣돈의 규모를 정한다. 그 규모는 아주 작지만 지금 하는 일을 계속하면서 별도로 독립적 투자가 가능한 규모가 적당하다. 요즘 시장 추이로 보면 5천만 원 정도만 있으면 약

자신만의 강의를 하는 대원들의 모습

간의 융자를 받아 작지만 독립적인 가게를 하나 열 수 있다. 길거리 편의점도 5천만 원의 소자본으로 가능하고, 조그만 2~3평짜리 to go형 커피숍도 가능하다. 네다섯 개의 자판기도 설치할 수 있다.

이런 조그마한 독립 투자처에 신중하게 투자한 후 내 시간을 조금 쪼개고 관리를 하면서 자기가 하던 일을 계속하면 두 번째 종잣돈을 처음보다 쉽게 만들 수가 있다. 처음 5천만 원을 모으는 데 5년 걸렸다면 두 번째 5천만 원은 3년이면 된다. 세 번째는 2년이면 가능하다. 이렇게 5천만 원씩 세 개의 독립된 소규모 투자처를 가졌다면 그대는 이미 부자이다.

돈은 그냥 벌리지 않는다. 내가 가진 것을 버려서 돈과 바꿔야 한다. 버릴 것은 내 시간, 내 지식과 노동력, 내 자존심과 체면들이다. 그중에서 가장 버리기 힘든 것이 내 자존심이다. 차가 밀리는 곳에서 마스크 쓰고 뻥튀기를 팔면 하루에 10만 원은 벌 수 있는데 쉽게 근처 빵집에서 알바를 하면 일당 5만 원이다. 그 차이가 체면 값이다. 아침 7시에 집을 나서서 퇴근 후 집에 오면 밤 9~10시인 일반 봉급생활자의 경우, 우리나라 30대 대기업 직원이고 꾸준히 진급하여 20년 봉직한다면 부자 반열에 오를 수 있다. 나머지 회사원들은 직장생활 중에 자존심 적당히 유지하고 상사 눈치 적당히 보고 조금씩 열심히 저축하며 은퇴 후 평범한 중산층으로, 마지막 가는 날까지 노후를 걱정하며 팍팍하게 살 수밖에 없는 삶이 정해져 있다. 그게 싫으면 뛰쳐나와야 한다. 뛰쳐나오는 것은 지금의 안정된 가정생활과 내 사회적 지위와 식구들의 안위마저 위협하는 행위인데 이를 던지기가 쉽지 않다. 그래서 모두들 현 직장과 하는 일을 지속하며 조금이나마 생활의 도움이 될 무엇인가를 찾아 주식도 사고 부동산 투자도 하는 것이다.

직장을 다닐 것인가, 작고 어려워도 내 사업을 할 것인가는 본인이 판단하고 결정을 내려야 한다. 요즘 같은 가혹한 현실에서는 직장을 다니며 투잡을 뛰는 것도 어렵고, 섣불리 자기 사업 한다고 생활전선에 나섰다가 아주 망가지는 경우도 많다.

따라서 가족이 있는 중년 이상의 사람들은 자기가 가진 것을 걸고 모험을 하는 것이 너무 가혹하므로 큰돈을 모으려고 할 것이 아니라 가진 것을 절약하고 늘리는 쪽으로 방향을 잡는 것이 바람직할 것이다. 이 글을 읽히고 싶은 연령대는 따라서 20~30대 젊은 친구들이다. 딸린 식구도 없고, 무엇이든 두려움 없이 할 수 있는 나이이며, 또 비록 초기 시도가 실패해도 얼마든지 다시 재기할 기회가 있기 때문이다.

스스로 작성한 인생 계획을 실행에 옮기려면 결단이 필요하다. 부자로 살기를 원한다면 내가 가진 것을 모두 걸고 축재蓄財의 길로 나아가야 한다. 안정과 축재라는 두 마리 토끼를 한 번에 잡기는 너무 어렵다. 직업에는 귀천이 없다. 모두들 고귀한 직업을 찾지만 그런 고귀한 직업은 아주 특별한 사람들의 몫이다. 품위를 유지하면서, 남들로부터 존경을 받으면서 큰 부자가 될 수 있는 직업은 손에 꼽는다. 그런 직업을 잡을 수 없는데 그걸 부러워할 필요가 없다.

부자가 되려면 남이 하지 못하고 남이 하기를 꺼려하는 직업을 택해야 가능성이 커진다. 구두닦이로 큰 빌딩을 산 사람도 있고, 건물 유리창 청소로 중견 기업을 일군 사람도 있다. 치킨을 팔아 거부가 된 사람도 있고, 고압전선 설치만 전문으로 하며 헬기를 여러 대 보유한 일본 부자를 본 적도 있다.

세 번째, 일단 어떤 직업을 택하고 일을 시작했으면 끝을 보아야 한다. 수십 길이나 자란 장송도 조그만 씨앗에서 시작했다. 조금 해보다가 힘들다고, 혹은 적성에 맞지 않는다고 멈춘다면 아예 시작하지 않는 것만 못하다. 남의 구두를 닦는 일이 적성에 맞을 사람이 어디 있는가? 온갖 잔소리를 들으며 남 밑에서 일하는 것이 적성에 맞는 사람은 없다. 확실한 목표를 세우고 한푼 두푼 돈을 모아가는 즐거움이 모든 어려움과 시련을 잊게 해줄 것이다. 그 맛을 알면 그는 이미 99% 부자가 될 조건을 갖춘 사람이다.

부자학 강의 3탄

돈 모을 때 꼭 명심해야 할 몇 가지

부자가 되려면 저축을 잘해야 한다. 또한 투자도 잘해야 한다. 돈은 내 손에 들어올 때 이미 쓸 구멍을 만들어가지고 온다. 내가 쓰지 않더라도 남이 내가 가진 돈의 쓸 구멍을 만들어준다. 예를 들어 종잣돈의 규모를 5천만 원으로 정했고, 1년간 열심히 허리띠를 졸라매며 어렵게 모은 천만 원이 있다고 가정해보자. 집안의 누군가가 갑자기 아플 수도 있다. 가족 중 누군가가 어려운 일에 처해 갑자기 급전이 필요할 수도 있다. 이 경우 남이 내가 저축한 돈의 규모를 알고 있으면 내가 식구들의 어려움을 외면할 수 없게 된다. 인지상정, 결국 통장을 깨게 되고, 그러면 내가 세웠던 치부의 계획은 수포로 돌아가고 다시 처음부터 시작해야 한다. 이렇게 우연찮게라도 돈은 자기 쓸 구멍을 가지고 내 손에 들어오기 때문에 돈을 모을 때 꼭 두 가지를 명심해야 한다.

첫째는 쥐도 새도 모르게 돈을 모아야 한다. 심지어 아주 가까운 사람조차 내가 모으는 돈의 규모를 모르게 해야 한다. 아주 가까운 사람이 내가 모아놓은 돈을 쓸 구멍을 만들 확률이 훨씬 높기 때문이다. 이를 위해서는 절대 돈 모으는 자랑을 하지 말아야 한다. 젊은 친구들이 주머니에 2천만 원이 있다면 백에 아흔아홉은 주머니 두둑한 포만감에 가족 혹은 친구들에게 자랑을 할 것이다. 술자리에서 자기가 카드를 꺼내고, 식구들 생일날 선물도 큰 것으로 사주고 싶어진다. 새로 출시되는 차량이 눈에 들어오고, 주말엔 해외로 나가고 싶어진다. 이를 모두 이기고 꼭꼭 숨겨야 진짜 부자가 될 수 있다. 어려움에 처한 가까운 식구들을 외면할 수밖에 없었던 서글픔과 가슴 아픔은 나중에 큰 부자가 되어 더 크게 갚아주면 훨씬 더 멋지다.

부자만이 하고 싶은 것을 마음껏 누릴 자유가 주어진다.

둘째는 종잣돈이 다 모일 때까지의 돈 관리다. 주식에 묻어놓는 사람은 절대 부자가 못 된다. 종잣돈을 모을 땐 무엇이든 위험 부담이 있는 투자는 절대 피해야 한다. 가장 좋은 것은 안전한 은행에 넣는 정기예금이 최고다. 1년 정기예금 수익이 세금 빼면 2% 미만으로 떨어졌다고 해도 종잣돈은 그런 곳에 꼭꼭 숨어 있어야 한다. 단, 통장 관리는 정말 잘해야 한다. 돈은 별로 없으면서 이 은행 저 은행 통장을 가지고 있다면 바보다. 은행은 절대로 큰 곳 한 군데만 거래한다. 그래야 조금씩 자기 크레디트가 쌓이고, 이것이 나중에 대출 등에 절대 유리하게 작용한다.

돈은 백만 원이 넘으면 무조건 정기예금 통장에 넣어야 한다. 그 이상 되는 돈을 보통예금 통장에 넣어두는 것은 한 푼이 아까운 예비 부자들 입장에서는 바보 같은 짓이다.

선장님의 선상 강의를 열심히 경청하는 대원들

마지막으로 아무리 친한 사이라도 절대 돈거래를 하지 않는다. 이건 예를 들 필요도 없다. 정중히 지혜롭게 거절할 명분을 몇 개 준비해 가지고 있으면 편하다. 무엇보다 내가 돈 가진 티를 내지 않으면 남이 내게 돈을 빌려달라고 부탁도 하지 않을 뿐 아니라 안 빌려줘도 의가 상할 이유가 없다. 내 경우 많은 친구들에게 돈을 빌려주었지만 꼭 한 번 빼고는 모두 실패했다.

종잣돈이 모였을 때 어디다 투자할지는 워낙 경우의 수가 많아 자신이 잘 판단해야 한다. 투자처를 정할 때 가장 중요한 것은 안전성이다. 또 내가 그곳에 올인할 투자처라면 피해야 한다. 수익률이 낮더라도 안전하고 건전하며, 내 손이 많이 가지 않아도 스스로 굴러가며 수익을 창출할 곳을 찾아야 한다.

젊은이여, 해외로 눈을 돌려라!

세상은 빠르게 변한다. 요즘 우리 사회의 변화는 거의 번개 같다. 불과 1,000개도 되지 않던 직업이 수백만 개의 직업군으로 분화했다. 세상의 연결이 거미줄 같아서 예전에는 다른 나라의 소식을 접할 때 며칠씩 걸리던 것이 불과 수초 수분 단위로 소식이 전달되고, 그에 따른 영향을 직접 받고 사는 세상이 되었다. 우리나라의 경제는 위축기에 들어선 지 오래다. 젊은 층은 안정만 추구하고, 자산을 가지고 있는 장년층은 이제 노년으로 넘어가는 시점이다. 큰 부자가 나올 수 없는 경제 환경으로 인해 이제부턴 조금씩 마이너스 성장으로 돌아설 것이다.

부동산은 이제 끝났다. 우리나라 사람들이 아무도 경험해보지 못한 미지의 경제 영역으로 들어서는 것이다. 남북이 통일이라도 되지 않는 한 내가 보기에 우리의 미래는 암담하다. 그 돌파구는 해외 진출이다. 국내에서 비전이 없다면 젊은 친구들은 미래를 외국에서 걸어야 할 것이다. 저 중남미와 아프리카 그리고 중동에 미래가 있다. 아직까지 제대로 된 경제가 태동조차 하지 않은 곳도 많다. 바다를 건너가면 신세계가 기다린다.

수년 전 페루에서 서쪽으로 태평양을 끼고 수백km의 고속도로를 달려본 적이 있다. 가도 가도 끝없는 땅을 버려두고 가난을 숙명처럼 받아들이는 그곳 사람들은 그렇다고 해도, 우리나라 청년들은 그곳을 보면 눈이 번쩍 뜨일 것이다. 할 일이 무궁무진한 곳이 바다 건너에 널려 있다. 내가 청년일 때 해외를 생각하면 가슴이 벅차올랐다. 나가면 무엇이든 할 것이 있고 돈을 벌 수 있을 것 같았다. 그건 아직도 그렇다.

벗삼아호 가족들의 항해 규칙

탐사대장 허광훈

1. 항해 준비
2. 선상 규율
3. 특별활동
4. 식단표

1. 항해 준비

항해 인원이 확정된 후 나는 이번 여행에서 탐사대장이라는 직책을 맡았다. 그동안의 항해는 두세 명이 다녔었고 제일 많을 때가 독도 갈 때 5명이었는데, 이번에는 8명. 벗삼아호 크기가 45평 아파트에 맞먹는 공간이 있다지만, 아파트에서도 8명이 북적이면 정신이 없을 텐데 항해를 하면 쓸 수 있는 공간이 많지가 않다. 두 달여의 시간을 함께 자고 먹고 보고 놀며 생활하려면 역할을 정하고 규율을 만들어 공유하는 것이 필요했다.

요트는 좁은 공간을 최대한 이용하기 위하여 모든 곳이 수납공간이다. 벽이며 의자며 천장이며 바닥이며 조그만 공간도 다 활용하도록 설계가 되어 있다. 그래서 주의하지 않으면 어디에 무엇이 있는지 찾지도 못한다. 가끔은 어디 둔 곳을 몰라 다시 사는 경우도 있고, 있는 것조차 몰라 다시 사다 보니 요트를 한번 정리하다 보면 같은 물건이 몇 개 나오기도 한다. 익숙하게 사용하는 사람도 헤매는데, 태어나 처음 요트를 탄다는 멤버들이 돕는다고 기준 없이 정리하면(처박으면) 나중에 애를 먹는다.

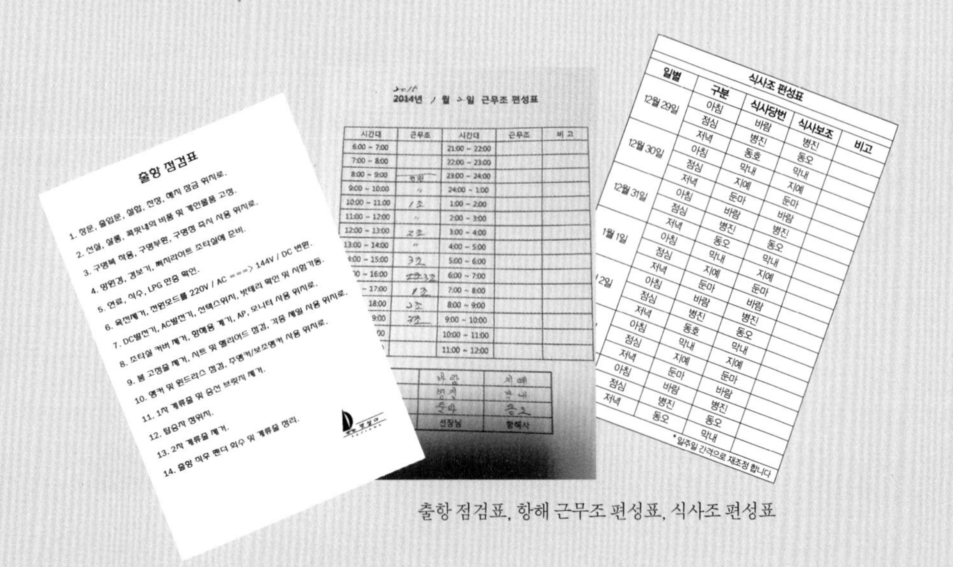

출항 점검표, 항해 근무조 편성표, 식사조 편성표

벗삼아호의 공간 구별

지역 구분	장소	규칙	비고
항해 관련 지역	플라이브릿지 조종실, 살롱 조종실, 각종 계기판 엔진룸	근무자만 출입한다 선장 지시 외엔 만지지 않는다	근무조 편성
공통 지역	살롱, 주방, 콕핏	눕지 않는다 예의에 맞는 옷차림 꺼낸 물건은 항상 그 자리에	식사조 편성
숙박 지역	게스트룸	청소 상태 유지 개인사물 수납	방 배정

*선상 규율 첨부

항해 근무조 편성

근무조	책임 항해자	보조 항해자	비고
총괄	허광음		선장
카메라 감독	이종현		
1조 2조 3조	표연봉 허광훈 김동오	황종현 윤병진 심지예	

* 총괄 선장과 촬영감독은 항시 대기 상태. 지원 요청 시 신속 지원
* 출입항 시 전원 참여. 입항 후 전원 요트 세척 참석

식사 근무조 편성

근무조	주방장	주방 보조	비고
식사조 제외	허광음, 표연봉		항해 전념
1조 2조 3조	3개조 운용, 2인 1조 일주일 단위로 전체 조 변경 매 끼니별 주방 보조가 다음 끼니에 주방장으로 연결		

* 취사조는 설거지조에서 제외

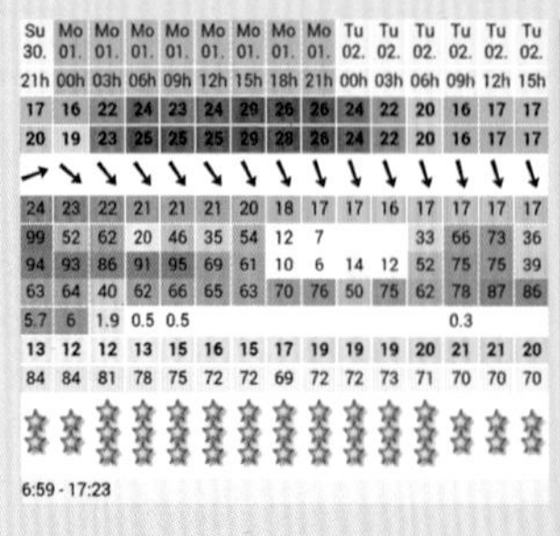

Su 30.	Mo 01.	Mo 01.	Mo 01.	Mo 01.	Mo 01.	Mo 01.	Mo 01.	Mo 01.	Tu 02.	Tu 02.	Tu 02.	Tu 02.	Tu 02.	Tu 02.
21h	00h	03h	06h	09h	12h	15h	18h	21h	00h	03h	06h	09h	12h	15h
17	16	22	24	23	24	29	26	26	24	22	20	16	17	17
20	19	23	25	25	25	29	28	26	24	22	20	16	17	17
24	23	22	21	21	21	20	18	17	17	16	17	17	17	17
99	52	62	20	46	35	54	12	7			33	66	73	36
94	93	86	91	95	69	61	10	6	14	12	52	75	75	39
63	64	40	62	66	65	63	70	76	50	75	62	78	87	86
5.7	6	1.9	0.5	0.5								0.3		
13	12	12	13	15	16	15	17	19	19	19	20	21	21	20
84	84	81	78	75	72	72	69	72	72	73	71	70	70	70

6:59 - 17:23

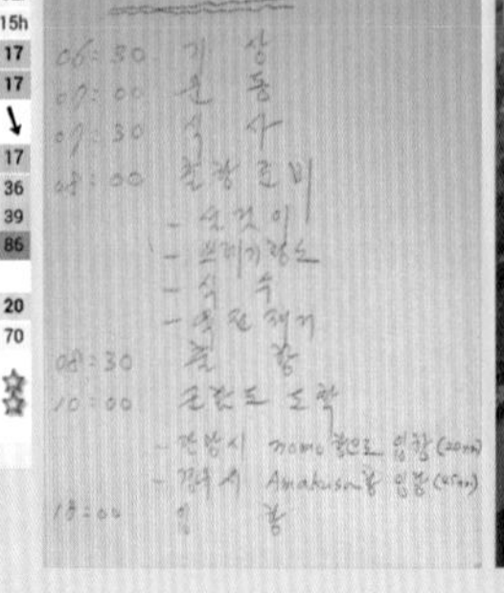

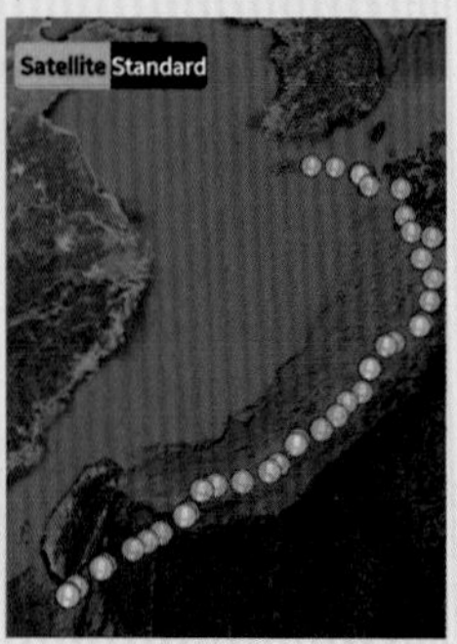

기상도, 일일 일정 고지표, 항로

52일간의 항해 일정과 항해 거리

Budsama Sailing Schedule (1,902 mile/3,523km)

MON	TUE	WED	THU	FRI	SAT	SUN
Captian : kwangeum Heo, Navigator : younbong Pyo Team leader : kwanghoon Hur, Director : jonghyun Lee Crew : jonghyun Hwang, dongo Kim byeongjin Yoon, jiye Sim			출발 도착 항해중	11/14 10:30 Jeju KOREA	15 09:59 14:00 Goto JAPAN	16 9:37 ← Nagasaki
17 Nagasaki Dejima Marina →	18	19 8:30 Gunkanjima 軍艦島	20 1:00	21 7:33 15:43 koshiki-shima	22 9:00 17:20 Kasasa Port Kaimon	23 7:30 13:30 ← Gagoshima
24 —— Gagoshima	#	26 8:26 16:08 → Take-shima	27 6:55 16:00 Iojima 硫黄島	28 7:04 12:30	29 ← Yaku-shima	30 ——
12/1 —— Yaku-shima →	2 12:34	3 14:17 ← Amami	4	5	6 23:40 →	7 16:06 Okino erabu
8 7:00 11:07 Okino erabu ←	9 Yoron-jima →	10 7:06 15:30 nagahama,okinawa	11 6:30 8:50	12 ← Okinawa Ginowan Marina	13	14 6:30 →
15 12:00 ← Miyako-jima	16	17 →	18 16:00	19 7:00 ← Ishigaki-shima	20	21 ——
22 11:00 –Ishigaki→	23	24 7:00	25 Kenting TAIWAN	26	27 14:00 →	28
29 0:32 9:00 15:50 Philippine	30 10:00 22:50 Salomague ←	31 7:00 20:00 San-fernando →	1/1 9:00 21:00 Santa-Cruz	2 8:30 21:50 Anawangin	3 10:00 16:00 Subic Bay yacht club	4

Budsama Saling report

	PORT		DISTANCE / MILE		TIME			NOTE
	STAT	ARRIVE	STRAIGHT	SAILING	START	ARRIVE	SAILING	
1	Jeju	Goto	125	140	10:30	9:59	23:31	Naru anchoring
2	Goto	Sunset marina	50	55	14:00	1:50	19:37	Sunset marina
3	Sunset marina	Nagasaki			7:47	9:37		Dejima marina
4	Nagasaki	Koshiki-shima	60	64	8:30			군함도 경유
5	Koshiki-shima	Kasasa Port	30	32	7:33	15:43	27:13	야간항해
6	Kasasa Port	Kaimon	35	38	9:00	17:20	8:20	
7	Kaimon	Gagoshima	30	32	7:30	13:30	6:00	요트클럽
8	Gagoshima	Take-shima	48	55	8:26	16:08	7:42	
9	Take-shima	Iojima	9	11	6:55	16:00	9:05	
10	Iojima	Yaku-shima	27	33	7:04	12:30	5:34	
11	Yaku-shima	Amami	145	160	12:34	14:17	25:43	야간항해
12	Amami	Okino-erabu	110	115	23:00	16:06	17:06	야간항해
13	Okino-erabu	Yoron-jima			7:00	11:07	4:07	
14	Yoron-jima	오키나와 앵커링	65	73	7:06	15:30	8:36	
15	앵커링	Okinawa-Ginowan			6:30	8:50	2:20	
16	Okinawa-Ginowan	Miyako-jima	185	194	6:30	12:00	29:30	야간항해
17	Miyako-jima	Ishigaki-shima	85	92	16:00	7:00	15:00	야간항해
18	Ishigaki-shima	Tiwan- Kenting	260	288	11:00	7:00	44:00	야간항해
19	Tiwan- Kenting	루손섬 입구	210	235	14:00	0:32	34:32	야간항해
20	루손섬 입구	Salomague	45	48	9:00	15:50	6:50	
21	Salomague	san-Fernando	60	65	10:00	22:50	12:50	
22	san-fernando	Santa-Cruz	75	78	7:00	20:00	13:00	
23	Santa-Cruz	Anawangin Cove	60	64	9:00	21:00	12:00	
24	Anawangin Cove	Subic Bay Yacht club	25	30	11:00	16:00	5:00	
	Total		1,739	1,902			337:36	

2. 선상 규율

모든 사물은 제자리로 정리하여 수납한다.

- 사물 정리 : 살롱이나 콕핏에는 개인용품을 두지 않는다.
- 신발 정리 : 출항 시 개인 신발은 수납하고 요트 슬리퍼는 한쪽으로 정리
  외부용 슬리퍼는 안에 들이지 말고 출입문에 비치한다.
  ⇒ 타고 내릴 때 최소한만 신발을 신는다.
- 세제 정리 : 비누는 비눗갑에, 세제는 원래의 자리에 수납한다.
- 그릇 정리 : 설거지는 최소한의 민물을 사용하여 씻고 마른행주로
  닦아 원래의 자리에 수납한다.
- 도마 정리 : 도마는 내부용과 외부용을 지정하여 사용 후 세워서 보관한다.
- 음식물 수납 : 사용 후 지정된 장소에 수납한다(종류별 수납, 냉장고별 수납).
  외부 냉장고에는 장기보관 식품과 냉동식품을 보관한다.
- 수건, 행주, 걸레 정리 : 수건은 개인적 하나를 원칙으로 하고 건조 시 외에는 방에 보관한다. 행주는 내외부에 한 개씩만을 비치하고 건조 시에만 예비 행주를 사용한다. 걸레는 내외부에 한 개씩만을 비치하고 건조 시에만 예비 걸레를 사용한다. 장갑은 지정 장소에 사용 후 비치한다.
- 오염물 세척 : 오염물은 즉시 씻는다(생선 피, 김치액…… 커피 컵도 사용 즉시 세척 수납한다).
- 쓰레기 정리 : 음식물 쓰레기와 일반 쓰레기를 분리하여 지정 장소에만 보관한다. 사용 후 남은 식재료는 한 곳에 수납한다. 특히 내부 쓰레기통은 사용 후 꼭 원위치하고 쓰레기를 비울 시 비닐 씌우기까지 한다.
- 칼 정리 : 칼은 칼집에 칼날이 안 보이게 수납한다.

벗삼아 김치 공장

벗삼아 미용실

절전, 절수

- 물 사용 : 물은 될 수 있는 대로 내외부 싱크대에서 사용한다.
  온수기 작동 시에는 꼭 꼭지를 냉수에 놓고 사용한다.
- 절전 : 필요 없는 전등은 수시로 불을 끈다.
  가스 사용 후 전원 스위치를 꼭 내린다.

단체 행동

- 운동 참여 : 단체 운동 시 꼭 참석한다.
- 공동 작업 : 공동 작업에 참여한다(청소, 다음날 도시락 준비 등등).

기타

- 필요 지식 습득 : 항해에 필요한 매듭법 및 필요 지식을 습득한다.
- 취급 주의 : 모르는 계기는 절대 손대지 않는다. (이상이라 생각되면 선장에게 보고한다.)
- 복장 주의 : 예의에 맞는 복장과 예절을 지킨다. (살롱에서는 취침할 수 없다.)

3. 특별활동

벗삼아 가족의 탄생

항해의 인연은 다른 어떤 인연보다 특별하다. 실제로는 위험하진 않지만 위험할 수 있기에 목숨 걸었던 전우애 같은 것이 남는다. 그래서 벗삼아호와 한 번이라도 항해를 함께 하면 '벗삼아 가족'이라는 호칭으로 예우해서 언제고 함께 항해할 수 있다.

이번에는 서로 모르던 사람들이 한 팀을 이루다 보니 처음부터 호칭 정리(족보 정리)가 필요했다. 탐사대는 60대가 1명, 50대가 2명, 40대 2명, 30대 2명, 20대 1명이니, 20대와 60대 나이면 2대가 함께 하는 연령대이고, 지역도 전국에서 모였다. 어색하지 않고 친근하게 부를 수 있는 호칭을 만들어 새로운 벗삼아 가족이 탄생했다.

직책으로 불러도 어색하지 않은 선장, 항해사는 자동 직책으로 정해졌고, 카메라 감독은 나이가 제일 어려서 그냥 막내가 됐다. 나이 차이가 적으면 형, 동생, 오빠, 누나가 되고, 나이 차이가 크게 나면 삼촌이 됐는데, 50대 나는 바람 같은 사나이라고 '바람 삼촌', 또 한 명의 50대는 호가 둔마라서 '둔마 삼

벗삼아 강연 36.5

촌'이 됐다. 홍일점 지예는 선장님이 '인절미(인기 있는 절세 미녀)'라는 애칭을 하사하셨고, 재주 많은 두 사람은 어쩌다 보니 별명을 지어줬음에도 그냥 '병진', '동오'로 불렸다. 항해사는 본인이 항해가로 불러달라기에 표 항해가, 표 항해가 하다가 줄여서 '표항'이 되었다. (지금은 선장이 됐음에도 나도 모르게 '표항'이라 부르게 된다.)

족보가 정리돼서 호칭이 가족으로 바뀌니 더 친숙해지기도 했지만, 두 달여 기간을 하루 24시간 한시도 떨어지지 않고 함께 했으니 어쩌면 진짜 가족도 성인이 돼서는 이리 오래 함께 하지는 못했을 것이다. 벗삼아 여행에 함께 하지 못하고 나중에 합류한 노승기 학교 선배도 자연스럽게 지금은 '승기 삼촌'이고 '승기 형님'이다. '벗삼아 가족'이 벌써 축구팀으로 두 팀이다.

8명 대식구가 24시간을 함께 한다면 지루할 수도 있겠다 싶지만, 다채로운 이야기를 많이 들을 수 있어 지루할 새가 없었다. 아무래도 연배가 높은 사람들이 할 말이 더 많긴 하겠지만 젊은 사람들에게서도 신선한 이야기를 들을 수 있어 다양한 분위기를 즐길 수 있었다. 순풍에 돛 달고 술렁술렁 항해할 땐 선상이 야외 강의실이 되고, 바다가 평화롭지 않은 날은 살롱이 강의실이 됐다.

검도 개인 교습

벗삼아 특별활동 계획표

강좌명	횟수	강연자	강의 내용
벗삼아 강연 36.5	8회	모두	10분 동안 주제, 형식에 상관없이 자신의 살아온 이야기들을 편안하게 들려주는 시간입니다. 두 달여 동안 동고동락할 벗삼아 가족들에게 진솔한 이야기를 들려주세요. 10분의 강연 후에는 강연자에게 최소 하나에서 최대 10개씩의 질문의 기회가 기다리고 있습니다. 막내 → 인절미 → 병진 → 동오 → 표항 → 둔마 삼촌 → 바람 삼촌 → 선장님 순서입니다.
부자 되세요~	10회	선장님	우리의 호프 벗삼아 선장님의 부자학 강의 10회 완성! 당신도 할 수 있다! 우리 모두 카타마란 한 대씩 사봅시다!
타짜의 비밀노트	3회	바람 삼촌	노름이 아닌 놀이를 배워봅시다. (벗삼아 카지노) 제1강 훌라, 2강 포커, 3강 하이로우
중국의 이해	2회	바람 삼촌	중국을 우습게 보지 말라 ⇒ 대기업 중국 주재원 5년의 생활을 통해 얻은 중국의 현실에 대한 생생한 강의
바람의 검심	10회	동오 오빠	강호의 숨은 고수로부터 다함께 검도를 배워봅시다.
인어공주를 꿈꾸며	5회	동오 오빠	SSI 스킨스쿠버 강사로부터 스킨스쿠버 교육 후 오픈워터 자격증 획득까지
요트를 배웁시다	10회	항해사님	한 달 후면 내 손으로 벗삼아를 조종할 수 있다! 국내 탑5 스키퍼 표연봉 항해가 님의 요트 강의 10회 완성 학습 목표 : 우리 손으로 출항부터 정박까지, 귀국 후 4월 요트면허 합격
벗삼아 119 벗삼아 구조대	2회	인절미	팀 주치의인 인절미가 가르쳐주는 각종 응급 처치 배 위에서든 일상에서든 다쳤을 때, 쓰러진 사람을 만났을 때, 화상을 입었을 때의 대처법
셸 위 댄스	5회	병진 오빠	스포츠댄스를 취미로 배웠던 병진 오빠가 벌이는 춤판. 쑥스럽지 않게 항해 중에 배워봅시다.
다큐 제작	3회	막내	여행하면서 만나는 사진 같은 풍경, 내 사진으로 남기는 법

벗삼아 특별활동 실행 내역

강좌명	기 간	실행 내용
벗삼아 강연 36.5	11/28~1/2	막내 : 11/28, 지예 : 12/25, 병진 : 12/26, 동오 : 12/29 둔마 삼촌 : 12/30(항해 중), 항해가 : 1/1, 바람 삼촌 : 1/2(항해 중) 10분이라고 했지만, 하다 보니 한 시간을 훌쩍 넘기기도 하고, 울컥하기도 하고…… 서로에 대해 더 잘 알 수 있었던 시간
부자 되세요~	12/3, 12/7, 12/17, 12/31, 1/1, 1/3, 1/6	12월 3일 1강을 시작으로 8강에 걸쳐 진행된 부자 되는 방법! 맨손으로 시작해서 사업을 일궈내신 선장님의 살아 있는 생생한 명강의 수강
타짜의 비밀노트	11/30~	11/30 훌라 규칙 배우기로 첫 강의 시작, 실전 훌라, 포커 배우기…… 저녁 먹고 틈날 때 한 명은 서빙, 나머지는 벗삼아 카지노^^ 1등부터 꼴찌까지 벌금을 조금씩 매겨서 각 나라를 지날 때마다 모인 돈으로 아이스크림 사먹기
중국의 이해	12/20	아직도 사형 제도가 존재하는 공산주의 국가이면서 앞선 기술과 문화를 갖고 있는 무서운 나라 중국인들에게 가진 부정적인 인식들이 어디서 왔는지, 그들을 이해하기 위한 중국 문화 공부
요트를 배웁시다	출항에서 귀항까지	이 강의는 딱 시간을 정해서 한 것은 아니고, 출항 전부터 시작해서 항해할 때마다 틈틈이 매듭법부터, 메인세일 펴고 접는 것 등등 항상 함께 했던 강의
바람의 검심	11/9~	전 검도장 관장님인 동오 오빠의 지도로 항해 중이 아니면 아침 운동을 하기로 함 나가사키에서 출항하기 전날 다같이 운동 시작, 그러나 점점 운동 횟수가 줄어들고……
다큐 제작	12/4	누구나 할 수 있는 기본 법칙들을 배움. 수평 맞추기, 보는 시선에 여백 두기, 주제 담는 방법 등
인어공주를 꿈꾸며	12/9~	자격증이 없는 막내와 병진 오빠, 둔마 삼촌을 위해 다이빙 강사이기도 한 동오 오빠의 특훈! 마스크에 물 채워 쓰고 모래사장 달리기부터 스킨다이빙까지. 결국 두 명은 오픈워터 자격증 획득!
벗삼아 119 벗삼아 구조대	미완성	시간이 없어서 팀닥터 역할만 열심히 하고 여행이 끝나버렸다^^;;
셸 위 댄스	미완성	배 위에서는 공간이 협소하고, 정박했을 때에도 마땅한 장소가 없어서 실패!

출발과 도착 때 하나가 되려고 외치던 '벗삼아 멋져!' 삼창. "당신 멋져! 우리 멋져! 벗삼아 멋져!"

월척이다!

긴 시간 항해를 하면서 벗삼아라는 이름으로 실행됐던 이벤트가 우리도 놀랄 정도로 너무나 많았다. 손님을 초청해서 잔치를 벌이면 벗삼아 식당이 되고, 분위기 내느라 카푸치노나 라테를 내려 마시면서 항해를 마치면 벗삼아 카페 하나 차리자고 감격해했다. 안 되는 게 없는 공장, 안 되면 되게 하는 공장, 매일매일 진화하는 벗삼아 공장이 지금도 그립다.

벗삼아 공장

벗삼아 공장명	공장장	내역
벗삼아 식당 및 파티장	팀원 전원	어떤 날은 한식당, 어떤 날은 양식당, 중식에서 남미 음식까지 손님들도 많이 놀랐던 맛집
벗삼아 설거지 공장	팀원 전원	역할 분담이 잘되고 손발이 잘 맞다 보니 컨베이어벨트 돌듯이 마무리되는 설거지
벗삼아 물 공장	선장	필리핀서부터 가동을 시작한 워터메이커. 민물을 바닷물처럼 펑펑
벗삼아 포장마차	항해가	늦은 밤 출출하면 한 명 두 명 콕핏에 모여서 자는 사람 모르게 살금살금 꼬치구이며 김치전 먹기
벗삼아 카페	바람 삼촌	캠핑용 비알레테로 카푸치노나 라테도 만들고, 좋은 음악을 들으며 팥빙수를 먹을 수 있는 카페
벗삼아 김치 공장	바람 삼촌, 인절미	나가사키에서부터는 여러 종류의 김치 공장을 가동, 우리도 먹고 선물도 하고(인기 짱!)
벗삼아 농장	둔마 삼촌	콩나물도 기르고, 상추도 기르고……
벗삼아 안마시술소	동오	정박용 줄 당기다 허리에 이상이 생기면 검도장 관장 경력으로 신속 조치
	항해가	평소 문제가 있던 디스크, 필라테스와 카이로프래틱으로 물리치료
벗삼아 병원	인절미	안 다쳐서 문제지 조금이라도 다친 듯하면 팀닥터의 과잉 진료가 바로 시작되는 선상 병원
벗삼아 미용실	인절미	선장님 염색이며 막내의 커트까지 가위 하나로 헤어스타일을 완성한 무료 미용실
벗삼아 세탁소	팀원 전원	날이 좋은 날은 라이프가드 줄이 모두 빨랫줄
벗삼아 영화관	막내	식사 후 명화를 보거나, 벗삼아 항해 편집한 걸 보거나, 위성 TV로 뉴스며 〈미생〉을 보는 재미
벗삼아 카지노	바람 삼촌	아이스크림 내기 카지노. 모은 돈으로 오키나와에서 거하게 맥주 한 잔, 대만에서 망고빙수
벗삼아 검도장	동오	아침 체조 후 열외 없이 모두 검도 기본 동작 배우기
벗삼아 성당	둔마 삼촌	눈 뜨고부터 눈 감을 때까지 혼자 있으면 기도방이 되는 게스트룸
벗삼아 도서관	팀원 전원	늦은 밤이면 열심히 공부하는 도서관이 된다. 인절미는 항해 기간 논문도 완성했다.

벗삼아 식당

4. 식단표

벗삼아 가족 모두가 요리사

*

한 해 전 다녀왔던 일본 규슈 지역 항해 때, 일본에서는 음식 재료를 바리바리 싸서 다니지 않아도 먹거리가 좋고 쉽게 쇼핑할 수 있다는 것을 알았으면서도 인원이 많다 보니 혹시 하는 걱정에 이것저것 준비를 했더니, 역시나 항해가 끝난 후에도 유통기간 지난 통조림을 먹고 있다 ^^;;

*

여행에서 먹는다는 것은 부담이면서도 즐거움이다. 손님이 온다고 하면 어떤 솜씨를 발휘해야 하나 처음엔 고민을 많이 했지만, 손님을 몇 번 치른 후에는 손님이 대만족할 만한 벗삼아 레시피를 손쉽게 완성했다. 코리안 피자라면서 김치전이나 해물전 부쳐놓고, 상추쌈에 소고기나 삼겹살 구워놓고, 김구이와 김치 그리고 젓갈 몇 종류에 미역국이나 어묵탕이면 훌륭한 식당이 된다. 일본에서는 고기도 잘 잡혀 큰 고기 낚은 날에는 회 한 접시나 초밥이 추가된다.

*

돌아가면서 식사 당번을 하는데, 모두 비장의 카드 한 장씩은 가지고 있다. 인터넷에서 레시피를 배워와 그것도 태어나 처음으로 요리를 해보는데 상상을 초월하는 맛있는 요리가 완성되어 먹는 사람도 놀라고 만든 사람도 놀랐던 적도 있다!

직접 만든 팥빙수와 항해용 김밥

*

불구경 싸움구경이 재밌다지만 여행에서는 뭐니 뭐니 해도 시장 구경이다. 낯선 시장을 둘러보다 궁금해서 사보는 해외 장보기. 하나하나 사다 보면 금방 한 바구니가 되어버린다.

*

어느 나라, 어느 시장에 가도 두부가 있어 된장국이며 다양한 요리를 먹을 수 있어 다행이었다. 또 하나, 우리나라 조미김을 어디서도 사먹을 수 있어 신기했다. 저녁 늦게 일본 슈퍼에 어슬렁대다 보면 파격 할인 즉석식품이 나온다. 대만 야시장은 눈이 모자라 못 보고 배가 모자라 못 먹을 야식 먹거리가 많았다. 필리핀은 냉장 시설이 없어 휘적휘적 파리를 쫓으며 돼지고기며 생닭을 달아서 팔았는데, 살 때는 찝찝해도 먹을 때는 그 맛이 그 맛이다.

*

많다 싶을 정도로 쌀을 가지고 갔지만, 워낙 식성들이 좋아서 중간중간 사서 먹었다. 필리핀 빼고는 일본쌀이나 대만쌀 가격도 비슷하고 맛도 비슷했다. 무, 배추, 고추, 마늘…… 크기와 모양이 조금씩

다를 뿐 먹거리는 어디나 비슷해서, 고춧가루와 액젓만 있으면 현지에서 산 식재료로 김치를 담가 먹을 수 있으니 먹는 것에 대한 불편은 전혀 없었고 식사 시간이 즐거웠다.

*

요트를 타면 제일 불편한 것이 물과 전기를 자유롭게 쓰지 못하는 것이다. 벗삼아호는 다행히 전기를 주동력으로 움직이는 하이브리드 요트라 전기 문제가 없고 담수화 시설(워터메이커)이 있어서 물 귀한 줄 모르고 펑펑 쓸 수 있었다.

*

물이야 많지만 그래도 요트의 기본대로 설거지는 바닷물 받아서 1차 씻고, 민물로 2차 씻은 후 행주로 닦아 수납하는데, 항해 중 설거지가 귀찮을 때는 세제로 그릇을 대충 닦은 후 살림망에 넣고 매달아 놓으면 자동 세척이 된다.

*

냉장고 두 개와 냉동고가 한 개 있지만, 냉장고 두 개만 가동해도 음식 보관에 문제가 없어서 냉동고는 간식 수납장이 됐다.

*

간식으로는 군만두와 물만두, 디저트는 과일이나 팥빙수를 많이 해 먹었는데, 그중 팥빙수는 어느 나라건 고명 과일만 조금 다를 뿐 비슷하다. 얼음 대신 우유를 종이팩째로 얼려서 바늘로 깬 후 각종 과일을 올리면 '벗삼아 팥빙수'가 되는데, 신선 우유보다 필리핀 장기보존 우유로 만든 팥빙수가 맛이 더 고소하다.

식단 목록

식단 목록					
날짜	요일	구분	종류	주방장	비고
12월 01일	월요일	아침	콩나물국	심지예	
		점심	우동, 고구마(간식)		
		저녁	제육볶음, 김치두루치기	심지예	
12월 02일	화요일	아침	된장찌개	막내, 바람	
		간식	다람쥐커피 라떼	바람삼촌	
		점심	부침개, 무국	막내, 동오	
		저녁	김치찌개		항해중
12월 03일	수요일	아침	빵		
		점심	캐릭터 주먹밥, 라면	지예	
		저녁	고기, 파전, 김치찌개		손님맞이
12월 04일	목요일	아침	토스트, 계란, 라면, 구아바잼		
		점심	멸치국수	막내, 지예	
		저녁	물만두튀김, 오뎅탕	김동오	
12월 05일	금요일	아침	함박스테이크, 수프, 샐러드	심지예	
		점심	도시락 (전날 반값세일) / 대원들 계항		대원들 섬 관광
		저녁	고기, 도시락 남은 것		
12월 06일	토요일	아침	미역국,젓갈,김,	허광훈	둔마 생일
		점심	라면집 외식		
		저녁	김치국,깍두기,김,케익	김동오	
12월 07일	일요일	아침	고구마, 빵, 우유		항해중
		점심	우동, 밥		항해중
		저녁	토마토수프, 카레	허광훈	
12월 08일	월요일	아침	주먹밥, 양배추 국	허광훈	
		점심	브리또 도시락	심지예	요론섬
		저녁	고기, 파전, 김치찌개		손님맞이
12월 09일	화요일	아침	선물받은 초밥, 라면		
		점심	소바	외식	다이빙후
		저녁	된장찌개 (+모찌), 샐러드		손님오심(얼떨결에)
12월 10일	수요일	아침	소라죽	지예, 바람	다이빙때 채집
		점심	참치회, 참치초밥, 도미튀김	지예, 바람	항해중 낚시
		저녁	계란찜, 매운탕	막내, 둔마	묘박
12월 11일	목요일	아침	만두, 일본 모찌떡		
		점심	라면		
		저녁	스테이크 외식		아메리칸빌리지
12월 12일	금요일	아침	황태국	지예, 바람	
		점심	소바, 부쿠부쿠차, 아마가시	외식	
		저녁	수육, 아이스크림 디저트	둔마	림도 함께
12월 13일	토요일	아침	대원들 외식/ 선장님 생선구이		
		점심	대원들 외식/ 선장님 라면		
		저녁	길거리 음식으로 대체		
12월 14일	일요일	아침	토스트, 계란, 구아바잼		
		점심	참치회덮밥		항해중
		저녁	매운탕?		항해중
12월 15일	월요일	아침	떡, 도너츠, 팥빵		항해중
		점심	우동		
		저녁	수육, 겉절이, 해물파전		손님맞이
12월 16일	화요일	아침	토스트, 땅콩두부(선물+구입)		
		점심	마구로 회, 바다포도 샐러드		
		저녁	된장국, 밑반찬, 김		
12월 17일	수요일	아침	오뎅탕, 계란찜	막내, 동오	
		점심	일본 인스턴트 라면		닭이 없어서;;
		저녁	닭도리탕		
12월 18일	목요일	아침	토스트, 계란	지예	
		점심	미야코 소바	외식	오시마상 내외
		저녁	빵		항해중

벗삼아호 식사

Orion

DHL

여행 중에 맞이한 크리스마스.
젊은 삼총사가 직접 만든 깜짝 파티 소품과 음식들.
병진, 지예, 종현이 최고!
컨딩에서 맞은 우리들의 크리스마스 파티는 영원히 잊지 못할 거야!

JEJU, KOREA

마지막 원고를 정리하며

이 책을 쓰기로 한 것은 우리가 한 여행이 워낙 특별하기 때문이다.

여럿이 항해를 함께하며 생사를 같이 했기에
모든 대원이 글쓰기에 참가하도록 했다.
그들의 글 솜씨는 그야말로 아마추어다.
하지만 진솔하고 정직하게 쓰는 글은 온갖 기교가 넘치는,
읽기에 매끈한 편집된 글보다 훨씬 읽는 이들에게 감동을 줄 거라고 믿는다.

내 글도 거칠지만 한 단어도 편집 없이 그대로 넣기로 했다.
늘상 책표지를 장식하는 저명한 인물과
매스컴의 추천의 글도 이 책에는 넣지 않았다.

이 책은 나를 포함한 8인의 자전적 모험 이야기여서
함께 써서 한 권씩 나누어 갖고
가족과 친구들에게 자랑스럽게 보여주고 싶어서 쓴 책이다.

하지만 지금 다시 읽어봐도 그때 그 순간이 되살아나며
마음속에 잔잔한 감동이 인다.

멋진 항해를 함께한 우리 대원들에게 다시 한 번 감사의 인사를 전한다.

카타마란 벗삼아호와 8명의 친구들이 함께 한
보통 사람들의 꿈의 요트 항해기